Ein kleines rotes Buch über die Quelle

Ein inspirierender und befreiender Blick auf das Management und das Leben

durch die „Quellenprinzipien"

VOM GLEICHEN AUTOR

Das Wort von Ordinata. Überlegungen zur Ausübung eines ungewöhnlichen Berufes,
1. Deutsche Ausgabe (Aquilae Verlag) 2019.

AQUILAE VERLAG
Place de Boccard 10
CH-1762 Givisiez, Schweiz
aquilae@ordinata.ch
www.aquilaeverlag.ch

Bestellungen: www.aquilaeverlag.ch oder in Ihrer Buchhandlung.
Ihre Quellengeschichten: www.ordinata.ch/de/quelle
Anschrift des Autors: stefan.merckelbach@ordinata.ch

Print: ISBN 978-2-9701087-6-4
E-Book: ISBN 978-2-9701087-7-1
Titel der Originalausgabe: *Un petit livre rouge sur la source*, Aquilae Verlag 2019.

Herstellung und Vertrieb: BOD - Books on Demand, Norderstedt, Deutschland.

Stefan Merckelbach

Ein kleines rotes Buch über die Quelle

Ein inspirierender und befreiender Blick auf das Management und das Leben
durch die „Quellenprinzipien“

Schlusswort von Peter John Koenig
Fotografien von Vincent Delfosse

1. Deutsche Ausgabe
Aus dem Französischen von Reiner Ritter und David Siemer

AQUILAE VERLAG
2020

Inhaltsverzeichnis

„Die Kraft des Wassers kommt aus der Quelle."
Persisches Sprichwort

„Der Dichter kann nicht erschaffen, bis Gott in ihm ist...."
Grabinschrift von Norbert Moret, Komponist

„Es kommt nicht darauf an, *was* Führungskräfte tun, noch *wie* sie es tun, sondern auf ihren inneren Zustand, den inneren Raum, aus dem sie operieren, die Quelle ihres Handelns."
Otto Scharmer, *Theorie U*

Einleitung

Haben Sie „Quelle" gesagt?

ALS ich am 25. September 2013 eine Fortbildung zum Thema „Die Quellenperson“ besuchte, konnte ich mir nicht vorstellen, wie sehr diese Erfahrung mein Berufsleben verändern würde! Der Ausbilder, Peter John Koenig, hatte sich entschieden, die Fortbildung trotz der geringen Teilnehmerzahl durchzuführen, zur Freude der drei Teilnehmer, die dann seine volle Aufmerksamkeit erhielten. Peter Koenig ist Coach und Berater mit britischen Wurzeln und Wohnsitz in Zürich in der Schweiz. Er war damals bereits im Rentenalter; aber ich habe bald verstanden, dass ihn seine Absicht, die „Quellenprinzipien“ zu verbreiten, daran hinderten, sich zurückzuziehen! Angesichts dessen, was ich an diesem Tag entdeckte, meldete ich mich sofort für die Masterclass an, die er im folgenden Jahr organisierte. Seitdem hat der Begriff „Quelle“ schnell seinen Platz gefunden in den Beratungen und Ausbildungen, die wir bei Ordinata, dem von mir 2001 gegründeten Unternehmen, anbieten. Unser Team von Partnern und Partnerinnen ist sehr motiviert, die „Quellenprinzipien“ zu verbreiten, und ich kann heute sagen, dass kein Tag vergeht, an dem diese Prinzipien nicht auf die eine oder andere Weise bei uns auftauchen. Daher können wir uns nicht mehr vorstellen, einen Kunden zu begleiten, ohne im Laufe des Prozesses gemeinsam die Frage nach der „Quelle“ untersucht zu haben. So geht unser Lernprozess über die „Quellenprinzipien“ Tag für Tag weiter: Jede neue „Quellensituation“, der wir begegnen, trägt etwas zu unserem besseren Verständnis dieses grundlegenden Themas bei und bestätigt seine Gültigkeit. Das kleine rote Buch, das Sie in Ihren Händen halten, ist die Frucht dieser Erfahrungen.

Peter Koenig sagt, dass die „Quellenprinzipien“ so alt sind wie die Welt, dass er sie nicht selbst erfunden, sondern entdeckt hat, indem er die Realität beobachtet und sich mit vielen Menschen darüber ausgetauscht hat. Peter Koenig ist jedoch eindeutig die „Quelle“, die dieses Prinzip in Worte fasste, denn er war es, der das Vokabular, das Sie auf diesen Seiten entdecken werden, zuerst entwickelt hat. Seine persönliche Forschung zu diesem Thema begann in den 1980er Jahren, im Jahr 2000 fing er an, öffentlich darüber zu sprechen, und 2009 hielt er seine ersten Vorträge über die „Quellenprinzipien“, zuerst in Quebec, dann in Brüssel und Berlin. Peter Koenigs Idee war es zunächst, einfach mit anderen darüber zu sprechen, wie sie ihre Projekte durchführten; er erkannte schnell, dass seine Gesprächspartner und -partnerinnen genau die gleichen Erfahrungen gemacht hatten wie er und dass die Konstanten, die sie entdeckten, „Prinzipien“ waren. Heute setzt er seine Forschung zu diesem Thema fort, unterstützt von einem Netzwerk internationaler Quellen-Praktikerinnen und -Praktiker (siehe www.workwithsource.com*), dem ich angehöre.

Bisher gibt es nur wenige Schriften über die „Quelle"; der Abschnitt „Ressourcen" am Ende dieses Buches führt deren magere Liste auf. Die meisten Entwicklungen in diesem Buch basieren auf meinem regelmässigen Austausch mit Peter Koenig selbst sowie mit den Mitgliedern seiner Masterclass zwischen 2013 und 2018, in spannenden Ausbildungseinheiten und Reflexionstagen. Nicht zu vergessen sind unsere persönlichen Begegnungen und der schriftliche Austausch. Ich stütze mich aber auch auf die wichtigen Beiträge meiner Partner und Partnerinnen bei Ordinata, die die „Quelle" zu einem zentralen Thema ihrer Arbeit gemacht haben, und auf Martine Marenne, mit der ich seit vielen Jahren die Methodik der „Partizipationsdynamik" entwickelt habe. In Interviews von Peter Koenig konnte ich „zur Quelle der Quelle" gehen. Ich danke ihm von ganzem Herzen für seine Verfügbarkeit und sein unerschütterliches Wohlwollen, aber auch für das Korrekturlesen und die Verbesserung dieses Buches.

Nachdem Sie etwas über die Entstehung des Begriffs der „Quelle" gelernt haben, sind Sie wahrscheinlich gespannt, seine Bedeutung zu entdecken! Ich schlage Ihnen vor, dass Sie auf den folgenden Seiten das Thema der „Quelle" in drei Abschnitten, die dem natürlichen Prozess ihrer Entdeckung und Aneignung entsprechen, untersuchen. Dieses kleine rote Buch ist also in drei Teile gegliedert: Zuerst (I) werden wir versuchen zu verstehen, worum es geht, damit wir die „Quelle" willkommen heissen können, dann (II) werden wir uns darüber Ge-

Das Sternchen (*) bezieht sich auf einen Eintrag im Abschnitt Ressourcen am Ende des Buches (ab S. 163).

danken machen, wie wir sie mit anderen Menschen teilen können und schliesslich (III), wie wir sie zum gegebenen Zeitpunkt weitergeben können. Aber lassen Sie uns mit dem Vorspiel aufhören, legen wir nun los!

Eine letzte Kleinigkeit: Warum ist dieses kleine Buch rot? Ich sage es Ihnen im Nachwort.

Erster Teil

DIE QUELLE AUFNEHMEN

Kapitel 1

Die „Quelle" betrifft uns alle

EINE „Quellenperson" ist jemand, der „an der Quelle" von etwas ist: Es ist eine Person, die eine Initiative ergriffen hat. Das passiert uns allen, nicht wahr? In meinem Leben habe ich in der Tat viele Initiativen ergriffen: zum Beispiel dieses und jenes Studium begonnen, mich um jene Stelle beworben und mein Unternehmen gegründet, ein Projekt gestartet und mich der Initiative einer anderen Person angeschlossen. Aber ich habe auch die Initiative zu einer Beziehung, einer Freundschaft, der Vermietung oder des Kaufs eines Hauses, der Wahl des Reiseziels unserer nächsten Ferien und zur der Ankunft eines Kindes ergreifen können… In jeder Situation, in der ich eine Initiative ergreife, setze ich etwas in Bewegung, das vorher nicht in Bewegung war. Auf diese Weise werde ich zur „Quelle" oder „Quellenperson" dieser Initiative.

Bevor ich anfing, meine Initiative zu konkretisieren, gab es eine Idee, eine Intuition, eine Inspiration, der ich zugehört habe und die ich mir zu eigen machte. Als „Quellenperson“ bin ich zwar die Person, die die Initiative zu ihrer Umsetzung ergriffen hat, aber ich selbst bin nicht der *Ursprung* dieser Initiative: Die Idee kam zu mir, die Intuition wurde mir gegeben, plötzlich war die Inspiration da. Die Idee ist ein Geschenk. Andere werden wahrscheinlich sagen, dass es meine Idee, meine Intuition, meine Inspiration war, und sie haben Recht, denn ich habe sie mir angeeignet, ich habe sie zu meiner eigenen gemacht, sie hat in mir Gestalt angenommen, und ich war es auch, der sie ausgedrückt und weiter kommuniziert hat. Und gleichzeitig liegen sie falsch, denn diese Intuition war nicht „meine“, ich habe sie empfangen. Die „Quellenperson“ nimmt, indem sie sich dessen bewusst wird, eine demütige Haltung gegenüber der Idee ein, wobei sie sich selbst als ihre Verwalterin und nicht als Eigentümerin erkennt; darauf werden wir später zurückkommen, weil es wichtig ist.

Darüber hinaus ist es nicht notwendig, die Idee der Initiative selbst gehabt zu haben, um „Quelle“ oder „Quellenperson“ zu sein, sie kann auch von jemand anderem kommen. Es gibt sehr kreative Menschen, die, ein bisschen übertrieben ausgedrückt, fast jeden Moment eine neue Idee haben; das macht sie nicht automatisch zu „Quellen“, es sei denn, sie ergreifen die Initiative, ihre Idee *umzusetzen*. Wenn sie diese nicht selbst umsetzen, können sie jemand anderen inspirieren, der die Idee aufgreift (dies ist eine andere Art, sie zu empfangen) und sich daransetzt, sie umzusetzen: Wir sagen, dass die letztere und nicht diejenige, die die Idee initiiert hat, die „Quellenperson“ ist.

Das Bild der Wasserquelle, die aus dem Schosse der Erde entspringt, spricht hier für sich: Wasser kommt nie spontan aus dem „Nichts", sondern immer von irgendwo her. Dies vollständig anzuerkennen, ist bereits eine Weise, es zu respektieren: Ich werde zu einer „Quelle" oder „Quellenperson", indem ich an einer Idee festhalte, die ich selbst nicht „fabriziert" habe (auch wenn sie tatsächlich aus mir herausgekommen ist), und indem ich die Initiative ergreife, sie zu verwirklichen, sie zu konkretisieren, sie in der Welt existent zu machen. Dabei darf ich mich oft auf andere Menschen verlassen, die mir helfen, sie umzusetzen. Kurz gesagt, die „Quelle" bezeichnet die Person, die eine Initiative auf der Grundlage einer Idee ergreift, welche sie sich angeeignet hat.

Dieser Prozess wird für die „Quellenperson" stark erleichtert, weil die Idee (die selbst ein Geschenk ist) mit einem anderen Geschenk unter dem Arm kommt, nämlich der Energie, die benötigt wird, um die Initiative zu ergreifen. Es ist, als ob der Kommunikationskanal der Idee, den Peter Koenig unseren „Quellenkanal" nennt, auch den Saft des Lebens trägt, den die „Quellenperson" braucht, um die Idee in die Realität umzusetzen. Diese Energie entspringt dem Inneren des Menschen, entzündet seine Tugenden und multipliziert seine Handlungsfähigkeit, vorausgesetzt, er entscheidet sich durch einen Akt des freien Willens, sich die Idee anzueignen, die Energie aufzunehmen und sich in Bewegung zu setzen.

Es gibt grundsätzlich zwei Möglichkeiten, eine „Quelle" oder „Quellenperson" zu sein: Entweder ergreife ich die Initiative von etwas Neuem (ich werde dann als „globale Quelle" dieser Initiative bezeichnet), oder ich schliesse mich der Initiative eines anderen an (in diesem

Fall werde ich zu einer „spezifischen Quelle"); darauf werden wir in Kapitel 4 im Detail zurückkommen. Was wir uns ab jetzt vor Augen halten müssen, ist, dass ich in beiden Fällen die „Quellenperson" meiner Präsenz innerhalb der Initiative bin: Meine Teilnahme ist ein authentischer Ausdruck meiner Freiheit, Handlungsfähigkeit und Kreativität.

Nehmen wir ein konkretes Beispiel. Andreas war auf der Suche nach einem neuen Job, also antwortete er auf eine Anzeige und befindet sich nun in einem Vorstellungsgespräch. Das Unternehmen war die „Quelle" der Anzeige; Andreas ist die „Quelle" seiner Bewerbung und seiner Anwesenheit beim Interview, niemand hat ihn dazu gezwungen. Der Personalvermittler des Unternehmens ist die „Quelle" eines konkreten Anstellungs-Vorschlags, während Andreas die „Quelle" seiner Antwort ist. Wenn er akzeptiert, hoffen wir, dass er schnell zur „Quelle" seiner neuen Position werden kann, d.h. zu einer Person, die auf Intuitionen hört und Initiativen ergreift, um diese Position im Einklang mit der ihr anvertrauten Mission zu entwickeln.

Eine „Quellenperson" für seine neue Position zu werden, bedeutet für Andreas schrittweise:

- sich zu verpflichten, seine Handlungsbefugnis auszufüllen, indem er den Verantwortungsbereich und den Entscheidungsspielraum für seine Position in vollem Umfang in Übereinstimmung mit dem vom Unternehmen vorgegebenen Gesamtrahmen übernimmt;
- seiner Freiheit und Kreativität basierend auf seinen Intuitionen auszuüben, um neue

Wege zu finden, um die Mission der Position zu entwickeln, was wiederum zu neuen Initiativen führt;

- seine „Quelle" als starke Motivation, als eine Leidenschaft leben, bis er zur Überzeugung gelangt, dass er diese „Quelle" an jemand anderes weitergeben und seine Leidenschaft selbst woanders einsetzen sollte.

In den folgenden Kapiteln werden wir unser Verständnis dafür vertiefen, was es bedeutet, eine „Quelle" oder „Quellenperson" der eigenen Arbeit, Rollen und Funktionen, Verantwortungsbereiche, Beziehungen, dessen, was man besitzt oder gebraucht, seiner Projekte.... zu sein, um unsere Rolle als „Quellenperson" besser zu leben.

Aber bevor wir weitergehen, ein paar Klarstellungen des Vokabulars. Nach Peter Koenig unterscheiden wir zwischen „Quelle", „Quellenperson" und „Quellenprinzipien".

Die „**Quellenperson**", wir haben sie gerade definiert, ist die Person, die auf der Grundlage einer Idee eine Initiative ergreift.

Der Begriff „**Quelle**" kann auf zwei verschiedene Arten verstanden werden:

- auf der *Subjektseite* ist „Quelle" gleichbedeutend mit „Quellenperson", der Person, die die Initiative ergreift; das Wort „Quelle" drückt insbesondere die Rolle aus, die diese

Person in Bezug auf ihre Initiative spielt; in diesem Sinne verwendet Peter Koenig diesen Begriff;

- auf der *Objektseite* kann sich „Quelle“ auch auf die Essenz dessen beziehen, wovon diese Person „Quellenperson“ ist, d.h. die Vision und die Werte, die das Herz ihrer Initiative bilden (unabhängig davon, ob es sich um eine Funktion, eine Beziehung, ein Haus oder ein Projekt handelt). Dies ist gewissermassen die „Quelle“ der „Quellenperson“; diese Vision und diese Werte werden von einer „Quellenperson“ auf eine andere bei der Weitergabe der Rolle der Quelle übertragen, ein wenig wie ein Stab bei einem Staffellauf. Für Peter Koenig bedeutet „seine Quelle aufnehmen“, mit dieser inneren Quelle in Kontakt zu treten, sich mit ihr zu verbinden und während der Umsetzung der Initiative mit ihr verbunden zu bleiben.

Schlussendlich bezeichnen die „**Quellenprinzipien**“ sowohl die Aktivität der „Quellenperson“ als Subjekt als auch die Umsetzung der „Quelle“ als Objekt. Im Laufe seiner Forschungen entdeckte Peter Koenig bestimmte Konstanten in der richtigen Ausübung der „Quelle“ und auch einige zu vermeidende Stolpersteine: Alle diese Beobachtungen und Feststellungen über das Funktionieren der „Quelle“ und der „Quellenperson“ sind in den „Quellenprinzipien“ zusammengefasst.

Jetzt, da das Vokabular ausreichend geklärt ist, können wir Quelle, Quellenperson und Quellenprinzipien ohne die Anführungszeichen verwenden!

Kapitel 2

Die Arbeit einer Quellenperson

VERSTEHEN, was die Wörter bedeuten, ist ein wesentlicher und unverzichtbarer erster Schritt; aber die eigentliche Herausforderung liegt in ihrer Umsetzung. Dies gilt umso mehr für die Quellenperson, als diese sich genau durch ihre Initiative definiert, die in hohem Masse ein Einleiten von Handlungen ist. Anstatt angesichts ihrer Idee regungslos zu bleiben, macht sich die Quellenperson auf, sie zu verwirklichen. Sie hat ein Werk zu vollbringen, ein „*Ergon*", wie die alten Griechen sagen würden, d.h. eine Arbeit, eine Handlung, eine Aufgabe, ein Tun, ein Akt, die zu einem Werk führen — zumindest symbolisch — wie das eines Dichters oder Malers. Das *Ergon* der Quellenperson hat zwei Dimensionen: Es beinhaltet sowohl den Weg der Umsetzung (die Arbeit) als auch das Ergebnis (das realisierte Werk). Die Arbeit der Quellenperson ist jedoch nie eine reine

Herstellung von etwas, das mechanisch gemäss einer Anleitung ausgeführt wird. Es ist vielmehr ein Tun, das es erfordert, einen Kurs festzulegen, diesen Kurs den Risiken, denen man ausgesetzt ist, anzupassen und die Umsetzung ständig dem gewählten Kurs anzugleichen. Infolgedessen ist das Handeln der Quellenperson sowohl sehr stark als auch zugleich zerbrechlich: Es ist zuerst eine gewaltige Kraft, die die Quellenperson nach vorne drängt, um ihre Initiative zu initiieren, umzusetzen und zu vollenden. Ihr Handeln kann jedoch auch sehr zerbrechlich sein, da sich Initiativen oft unvorhersehbar und unkontrollierbar entwickeln. Die Quellenperson muss sich diesen Entwicklungen ständig anpassen. Zusätzlich muss sie sich mit ihren persönlichen Schwächen bei der Ausübung der Rolle der Quellenperson auseinandersetzen, die das gute Erreichen ihres Werkes ebenfalls beeinträchtigen können. Die Erforschung der eigenen Handlungsstärke und die Bekämpfung der eigenen (handlungsbedingten und persönlichen) Schwächen ist ein Schlüsselerlebnis für jede Quellenperson, die ihre Initiative vorantreiben möchte.

Woraus besteht nun genau diese Arbeit, dieses Werk der Quellenperson? Im Wesentlichen erfüllt sie drei Hauptaufgaben, die den drei Hauptrollen der Quellenperson entsprechen:

1. Sie empfängt Intuitionen (Ideen, Visionen) und bringt sich in deren Umsetzung durch Initiativen und Eingehen von Risiken ein — das ist ihre Rolle als „Unternehmerin";

2. Sie setzt ihre Initiative in einen zukünftigen Kontext, indem sie die nächsten Schritte zu deren Entwicklung klärt, und diese Klarheit jedes Mal an die anderen kommuniziert — das ist ihre Rolle als „Führerin“;

3. Sie achtet darauf, dass der Rahmen der Initiative, der sich in Werten und einer Vision ausdrückt, eingehalten wird — das ist ihre Rolle als „Hüterin“.

Betrachten wir diese drei Rollen und ihre entsprechenden Aufgaben etwas genauer.

1. Die Quellenperson als Unternehmerin. Wir haben diese Rolle im vorigen Kapitel bereits angesprochen: die Quellenperson ist definitionsgemäss jemand, die eine Initiative auf der Grundlage einer Idee ergreift. Peter Koenig stellt fest, dass die Quellenperson während des gesamten Bestehens ihrer Initiative laufend Ideen, Intuitionen, Inspirationen und auch die zu deren Umsetzung nötige Energie empfängt. Fügen wir nun noch die Dimension der Risikobereitschaft hinzu. Diese geht unvermeidlich mit der Initiative einher, die immer mehr oder weniger ein „Sprung ins Leere“ ist. Im Inneren jeder Quelle schlummert ein „kühner Verrückter“, der an seine Initiative mit einem Glauben glaubt, der manchmal sogar ein wenig überzogen scheint, und der sich auch mit einer gewissen Naivität schmückt. Es ist, als ob er den Ausdruck „Wir wussten nicht, dass es unmöglich war, deshalb haben wir es getan“ beweisen wollte! Die Risikobereitschaft ist so sehr Teil seiner Rolle als Unternehmer, dass eine

Person, die kein Risiko (mehr) eingeht, aufhört, eine Ressource für ihre Initiative zu sein und so zu einem Hindernis und einer Bremse wird.

Was das Risiko betrifft, so ist meine langjährige Erfahrung mit Ordinata, wo ich seit der Gründung im Jahr 2001 die Quellenperson bin, für mich eine bedeutende Lehre: a posteriori stelle ich fest, dass Initiativen während der Entwicklungsphasen des Unternehmens systematisch von zuweilen erheblichen Risiken begleitet oder sogar ausgelöst wurden, während Initiativen während der Stagnationsphasen alle von fehlenden Risiken gekennzeichnet waren. Das Bewusstsein dafür half mir sehr, mich bei Bedarf wieder mit dem Risiko zu beschäftigen. Dieser Zusammenhang zwischen Initiative, Risiko und Entwicklung lässt mich sagen, dass das grösste Risiko für ein Unternehmen in Wirklichkeit ist, ... keine Risiken mehr einzugehen! Das ist es, was seinen Niedergang beschleunigt, zwangsläufig, obgleich selbstverständlich auch viele andere Faktoren im Spiel sein können.

Natürlich wird das Risiko nicht für sich selbst gesucht, es hat keinen Wert an sich, aber es gibt der Initiative einen Wert, indem es ihr erlaubt das Unbekannte zu erforschen, wo die Quellenperson oder ihr Projekt noch nicht hingegangen ist. Eine Initiative bringt immer etwas Neues, wenigstens für denjenigen, der sie ergreift, wo und wann auch immer er sie ergreift. Das Risiko ist der Preis, den man für den Zugang zum Neuen zahlen muss. In diesem Sinne sollte es eher wie eine Investition betrachtet werden, da jeder Unternehmer weiss, dass man, wenn man etwas verdienen will, zuerst investieren muss. Das erklärt, warum Unternehmen mit viel Liquidität gesund erscheinen, sich aber in Wirklichkeit in einer Krise befinden: Sie lassen ihre Ressourcen schlafen, anstatt sie in die Zukunft des Unternehmens zu investieren.

Allerdings ist das Risiko, das die Quellenperson bei der Umsetzung ihrer Initiative eingeht, nicht nur finanzieller Natur, sondern kann noch viele weitere Formen annehmen: Ich kann zum Beispiel meinen Ruf riskieren, eine Beförderung, sogar meinen Job, die Fortsetzung einer Beziehung, meine Gesundheit oder das Recht, in dem Haus zu leben, das ich gemietet habe, und so weiter. Jede Risikobereitschaft ist zugleich Ausdruck des Vertrauens, das die Quellenperson in ihre Initiative setzt, ein Zeugnis, das allen zugutekommt, die mit ihr zusammenarbeiten, vor allem aber der Quellenperson selbst, die sich auf ihr eigenes Vertrauen verlässt, um den nächsten Schritt zu tun.

Als Quellenperson stelle ich mir deshalb regelmässig die Frage: Gehe ich immer genug Risiken für meine Initiative ein?

2. Die Quellenperson als Führerin. Nach dem ersten Schritt einer neuen Initiative gibt es einen zweiten Schritt und einen dritten und so weiter. Die Quellenperson ermöglicht in ihrer Rolle als Führerin, dass die Initiative, sobald sie einmal ergriffen wurde, nicht bereits im Keim erstickt, sondern sich mit der Zeit entwickelt. Unterscheiden wir diese erste Initiative, um ein neues Projekt zu starten, von der Vielzahl der nachfolgenden Initiativen, die später ergriffen werden müssen, um dieses Projekt zu entwickeln. Wenn die erste Initiative der Quellenperson das Projekt ins Leben ruft (sei es durch die Aufnahme eines neuen Arbeitsplatzes,

die Gründung eines Vereins, den Vorschlag einer Heirat oder den Kauf eines Bootes), sind die folgenden Initiativen unerlässlich, um das Projekt zu konsolidieren, wachsen und in Richtung seines ursprünglichen Zwecks gedeihen zu lassen.

Jeder nachfolgende Schritt beschreibt die Zukunft des Projekts ein bisschen näher und jede neue Initiative (unabhängig davon, ob sie von der Quellenperson selbst, von anderen Projektbeteiligten oder in Zusammenarbeit zwischen beiden ergriffen wird) trägt zu ihrer Bestimmung bei. Es liegt jedoch an der Quellenperson, diesen Prozess zu steuern. Sie hatte als Unternehmerin das Reiseprojekt zum Leben erweckt, jetzt wird sie die Rolle der Reiseleiterin übernehmen, indem sie den Kurs für die erste Etappe, dann die zweite, die dritte usw. festlegt. Wenn man einen Moment darüber nachdenkt, ist dies nicht verwunderlich: So wie es für den Maler, der die Skizze des Werkes gezeichnet hat, völlig normal ist, sein Werk letztlich selbst zu vollenden, so ist es auch für die Quellenperson, die das Projekt ins Leben gerufen hat, vollkommen legitim und angebracht, dessen Einsatzphasen zu leiten. Das ist sogar ihre Pflicht als Quelle, die niemand an ihrer Stelle ausüben kann.

Diese Führungsrolle besteht darin, alle Initiativen zu leiten, die im Laufe der Zeit folgen werden, um das Projektziel zu erreichen und seine Nachhaltigkeit zu gewährleisten. Ihre Aufgabe in dieser Rolle ist zweierlei: erstens, zu klären, was der nächste Schritt ist, und zweitens, diese Klarheit denen zu vermitteln, die zur Verwirklichung dieses neuen Schrittes beitragen werden.

Die Aufgabe, den nächsten Schritt zu klären, ist nicht einfach, im Gegenteil: Sehr oft hat die Quellenperson keine blasse Ahnung, was der nächste Schritt ist! Paradoxerweise ist ihr psychologischer Zustand bei der Ausübung ihrer Rolle als Führerin oft der des Zweifels: Die Quellenperson weiss nicht, was der nächste Schritt sein könnte, weil sie entweder völlig im Dunkeln tappt, oder weil es im Gegenteil mehrere Optionen in ihrem Kopf gibt, zwischen denen sie sich nicht entscheiden kann. Sie zögert, sie zaudert, sie hat Angst davor, nicht alle Informationen zur Hand zu haben, sie stellt die Gültigkeit ihrer Entscheidungskriterien in Frage oder fürchtet die Folgen ihrer Wahl, kurz gesagt, sie lähmt sich selbst und wird depressiv... Hören Sie, dass all dies völlig normal ist! „Willkommen im Club der Quellen", würde ich sagen, denn alle Quellenpersonen können ausnahmslos von diesen Zeiten des Unbehagens und der Unsicherheit Zeugnis ablegen. Die Quellenperson ist wie du und ich; sie ist keine Magierin, keine Superheldin und noch weniger eine Wahrsagerin! Ein „Führer" zu sein, wenn man im Dunkeln tappt, ist für niemanden einfach...

Um Klarheit über den nächsten Schritt zu gewinnen, hat die Quellenperson drei Hauptmittel zu ihrer Auswahl: auf ihre eigenen Intuitionen zu hören, zu überlegen und mit anderen in Dialog zu treten. Werfen wir einen genaueren Blick darauf.

Die Quellenperson wertschätzt *ihre Intuitionen* instinktiv: Hatte sie sich nicht schon vor dem Beginn der Initiative in ihrer Rolle als Unternehmerin auf ihre Intuitionen verlassen? Durch diese ersten Erfahrungen bestärkt, achtet sie weiterhin auf die Ankunft neuer Intuitionen, Ideen, Inspirationen und das während der gesamten Lebensdauer ihres Projekts. Das einzige Problem ist, dass Intuitionen nicht bestellt werden können, es sind Gaben, die man empfängt, auch wenn die Quellenperson die Rahmenbedingungen für ihr Auftreten fördern kann, z.B. durch vorübergehende Unterbrechung ihrer Tätigkeit, sich eine Zeit der Stille in der Natur geben, eine Zeit des Gebets, durch Sport oder einfach durch Duschen… Veränderte Bewusstseinszustände, jene Momente, in denen wir „die Augen in der Leere" haben, sind besonders förderlich für das Empfangen von Intuitionen, doch das Erscheinen der Idee, die den nächsten Schritt klären wird, ist keineswegs automatisch. Daher sind zusätzliche Mittel erforderlich, die für die Quellenperson selbst leicht zugänglich sind, um sich Klarheit über den nächsten Schritt zu verschaffen.

Eines dieser Mittel ist *die Reflexion*, wenn sich die Quellenperson Zeit für sich allein nimmt, um ihre Gedanken zu ordnen. Sie vereinbart sozusagen ein „Treffen mit sich selbst", um in ihrem Verständnis für den nächsten Schritt zur Entwicklung ihres Projekts voranzukommen. Manchmal ist es in Situationen des „Überlaufens" ratsam, einen Termin mit sich selber auf die Agenda zu setzen! Für die Quellenperson ist es buchstäblich eine Zeit des „re-sourcings", in der sie sich mit ihrem Quellenkanal verbindet und sich ganz der Vorbereitung auf den nächsten Schritt widmet. Wie bei der Intuition hilft es, sich um die Rahmenbedingungen zu kümmern: Ein inspirierender Ort und günstige Bedingungen, unter denen sich die Quellenperson gut konzentrieren kann, bieten einen Kontext für ihren reflektierenden Ansatz. Und denken Sie nicht, wenn Sie zum Beispiel diese Zeit auf einer Bank im Wald verbringen, dass Sie nicht arbeiten! Jedes schlechte Gewissen wäre hier völlig unangebracht: Sie sind nie mehr „bei der Arbeit" oder nützlicher für ihr Projekt als dann, wenn Sie Ihre Hauptrolle als Quellenperson ausfüllen. Um mich daran zu erinnern, nenne ich diese Termine in meiner Agenda immer „Quellenzeit"…

Der andere wichtige Weg zur Klärung ist *der Dialog*. Vergessen wir nicht, dass wir alle in fundamentaler Weise Beziehungswesen sind, was auch für die Quellenperson gilt. Im Falle des Mangels an Intuitionen über den nächsten Schritt wendet sie sich natürlicherweise an andere, um in Dialog zu treten, Fragen zu stellen, Rat zu erbitten, Einwände zu erheben, gemeinsam über den nächsten Schritt nachzudenken. Dieser Dialog, der ein Teilhaben des reflektierenden Ansatzes der Quellenperson ist, kann in Form eines Einzel- oder Gruppenaustausches erfolgen, oder eine Kombination aus beidem; häufig wird er angewendet, um mehrere unterschiedliche Meinungen zu erhalten. Der Gruppendialog profitiert von einem verstärkenden Effekt namens „kollektiver Intelligenz": Was man ausdrückt, löst im Nächsten etwas aus und ermöglicht es diesem, einen neuen daran anknüpfenden Beitrag zu leisten, der in einem Dritten wiederum etwas auslöst, und so weiter. Das Endergebnis übersteigt schliesslich die Summe der initialen Gedanken eines jeden Einzelnen. In den Dialog einzutreten, bedeutet nicht, dass die Quellenperson die geäusserten Meinungen in ihrer diesbezüglichen Form übernimmt, sondern dass sie ihre eigene Sichtweise der Situation durch jene der anderern bereichern lässt und so allmählich eine immer klarere Vorstellung davon entwickelt, was nun zu tun ist, um das Projekt auf die nächste Ebene zu bringen. Der Dialog fördert die Differenzierung, die eine Quelle der Erneuerung ist und es ermöglicht, nicht im „Was das Projekt bereits tut" steckenzubleiben, sondern zu etwas Neuem überzugehen, d.h. den nächsten Schritt zu gehen. Während die Intuition unmittelbar ist und nur eine Person (die Quelle) betrifft, ist der Dialog eine Vermittlung, bei der die Beziehung zu einer anderen (oder mehreren anderen) der bevorzugte Weg ist, um Klarheit zu erlangen. Wo die Intuition oft augenblicklich ist, ist die Vermittlung durch Dialog langsam, weil sie erst allmählich die Idee des nächsten Schrittes im Kopf der Quellenperson reifen lässt, bis sie durch Interaktionen mit anderen erkennt, dass sich der Nebel vollständig aufgelöst hat und Zweifel verschwunden sind: Sie weiss jetzt, was der nächste Schritt zur Entwicklung ihres Projekts ist. Dieser nächste Schritt kann mit einem gewissen Risiko verbunden sein; indem sie sich dessen bewusst wird, stellt sich die Quellenperson in ihrer Rolle als Führungskraft in den Dienst gegenüber ihrer Rolle als Unternehmerin.

Sobald Klarheit gefunden ist, setzt die Quellenperson ihre zweite Führungsaufgabe ein: *Diese Klarheit zu kommunizieren*, die durch Dialog oder Intuition oder beides erreicht wurde (Dialog und Intuition lassen sich ja sehr gut kombinieren und ergänzen). Sie wird sich an die Menschen wenden, die mit ihr am Projekt arbeiten, die eine Rolle spielen oder die vom nächsten Schritt betroffen sind, um sie über den nächsten Schritt zu informieren und dessen Bedeutung für das Projekt zu erklären. Peter Koenig weist darauf hin, dass die Quellenperson ihre Klarheit über den nächsten Schritt nur zu kommunizieren braucht, damit die anderen sich anschliessen. Dies nicht, weil sie blind ihrer Meinung folgen würden — vergessen wir nicht, dass sie sich in der Dialogphase ausführlich, mit unterschiedlichen Meinungen geäussert haben —, sondern weil die von der Quellenperson geäusserte Klarheit für sie in

Bezug auf die Gesamtvision des Projekts, der sie sich freiwillig angeschlossen haben, sinnvoll ist. Ich habe dieses Phänomen in unzähligen Gruppen bei unseren Interventionen in Unternehmen oder Institutionen beobachtet: Sobald sich die Quellenperson beim nächsten Schritt klar ausdrückt, auch wenn das, was sie vorschlägt, nicht ganz vernünftig erscheint, erhält sie eine natürliche Zustimmung anderer. Es ist erstaunlich zu sehen, dass die Quellenperson mit Klarheit über den nächsten Schritt auch denen Energie vermittelt, die ihr helfen werden, ihn umzusetzen. Es ist als ob sie die Energie, die sie über ihren Quellenkanal erhalten hat, mit anderen geteilt und ihnen einen Funken der Leidenschaft für ihr Projekt übertragen hätte, der das Feuer ihrer eigenen Motivation entfacht hatte.

Es kommt auch vor, dass sich eine Quellenperson nicht in der Lage fühlt, gut zu kommunizieren; in diesem Fall kann sie sich auf die Hilfe von jemandem verlassen (oft die „Nummer zwei" des Projekts, bemerkt Peter Koenig), während sie selbst weiterhin die Verantwortung als Quelle über alles ausübt, was in ihrem Namen kommuniziert wird, und für die Art und Weise, wie es vermittelt wird.

3. Die Quellenperson als Hüterin. Die Rolle der Quellenperson als Führungskraft, basierend auf ihren Intuitionen und dem Dialog mit anderen, ermöglicht die Entwicklung des Projekts; ihre Rolle als Hüterin stellt sicher, dass das Projekt in seiner Entwicklung seine Seele nicht verliert.

Bestimmt die Führungsrolle die Feinabstimmung der nächsten konkreten Schritte nacheinander, besteht die Rolle der Hüterin des Projektes darin, jederzeit den Überblick zu behalten. Wenn eine Quellenperson eine erste Initiative ergreift (diejenige, die ein neues Projekt in die Wege leitet), treibt sie sie durch eine Idee, eine Intuition, eine Inspiration voran; indem sie diese Idee reifen lässt und weiter nutzt. Sie entwickelt *eine Vision* über den zu erreichenden Zweck und die Hauptausrichtungen des Projekts (*das Ziel*, die Absicht, das Ergebnis im Sinne von „was" und „warum"), sowie über die Hauptschritte und die wichtigsten Mittel, die zur Erreichung dieses Ziels eingesetzt werden (*der Weg*, der Pfad, das „wie"). Diese Vision (Ziel und Weg) wird als gemeinsamer Faden des Projekts dienen, vor allem für die Quellenperson selbst, aber auch für all jene, die auf die eine oder andere Weise teilnehmen werden. Dieser gemeinsame Faden ist jedoch nicht in Stein gemeisselt, kann — und muss — sich zumindest teilweise weiterentwickeln: Um das Projekt auf Kurs zu halten (das Ziel), muss die Quellenperson den Prozess und die Mittel (den Weg) anpassen, insbesondere wenn sich wesentliche Veränderungen in der Projektumgebung ergeben.

Um ein sehr konkretes Beispiel zu nennen: In der Schweiz wurden Hundeverbände angewiesen, ihren Leistungskatalog und ihre interne Organisation (den Weg) gründlich anzupassen, als der Gesetzgeber die Hundeausbildung für neue Hundebesitzer zur Pflicht machte. Einige Jahre später, nachdem dieses Gesetz aufgehoben wurde, mussten sie sich ein zweites Mal anpassen. Ausgehend von dem Verband, dem unser Hund Athos angehörte, haben diese Veränderungen im rechtlichen Rahmen den Hauptzweck (das Ziel) des Vereins nicht erschüttert: Der Quellenperson ist es gelungen, die Vision/den Weg des Projekts an veränderte Umstände anzupassen und sich gleichzeitig auf das Wesentliche zu konzentrieren.

Es ist zu beachten, dass die einzige Person, die berechtigt ist, die Vision zu ändern, die Quellenperson ist. Während sie wieder einmal den Dialog ebenso wie ihre Intuitionen und ihre persönliche Reflexion nutzen kann, um diese Veränderung zu klären (die dann als „nächster Schritt" in der Entwicklung des Projekts angesehen werden kann), kann niemand, der am Projekt beteiligt ist, eine Quellenperson zwingen, ihre Vision zu ändern. Allein im Besitz dieser Fähigkeit zu sein, die Vision zu modifizieren, verleiht der Quellenperson aber auch die grosse Verantwortung, dies effektiv zu tun, wenn es für die richtige Entwicklung ihres Projekts notwendig ist.

Die Seele des Projekts drückt sich nicht nur in der Vision der Quellenperson aus, sondern auch in *Werten*. Diese spielen eine Schlüsselrolle als Verhaltensregeln, als „Leitplanken", für die Handlungen der Projektbeteiligten. Ein Wert ist eine Quelle der Inspiration für das konkrete Verhalten aller Beteiligten in ihrem täglichen Leben.

Die Werte, die mit der ersten Initiative der Quellenperson verbunden sind, werden daher die Art und Weise, wie man im Projekt „Dinge tut", inspirieren. So hatte beispielsweise einer unserer Industriekunden für sein Unternehmen, für das er die Quellenperson war, unter anderem den Wert „Geschwindigkeit" gewählt. Es handelte sich bei weitem nicht um eine Exzentrizität, sondern um ein Bedürfnis nach starker Reaktivität gegenüber einem anspruchsvollen und sich ständig verändernden Markt. Daher musste das Verhalten aller, vom Ingenieur bis zum Verwaltungsangestellten, vom Arbeiter bis zum Forscher, vom Direktor bis zum Reinigungsteam, die Schnelligkeit und Agilität annehmen, die die Quellenperson von Anfang an durch diesen Wert mit dem Unternehmen verbunden hatte; es ging ums Überleben.

Werte sind Ausdruck der institutionellen Kultur, sie „kleben auf der Haut", sie sind Teil des Unternehmens oder Projekts. Es muss jedoch verstanden werden, dass diese Werte die Werte *der Quellenperson* sind: Es ist die Quellenperson, die sie in den sozusagen genetischen Code ihrer Initiative einprägt, von dem aus sie weiterhin die Handlungen aller Mitarbeitenden während der gesamten Projektlaufzeit inspirieren, denn die Quellenperson zieht Menschen für ihr Projekt an, die diese Werte teilen. Hat die Quellenperson ihre persönlichen Werte einfach in ihre Initiative übertragen? Das ist eine Möglichkeit. Sie mag sich auch dafür entschieden haben, den Mitgliedern ihres Kollektivs eine Rolle zu geben, indem sie vorschlägt, dass sie die Werte gemeinsam formulieren. Dies ist eine Möglichkeit, mit ihnen in Dialog zu treten. Eine solche Arbeit ist jedoch nur dann sinnvoll, wenn die Quellenperson mit dem Ergebnis völlig zufrieden ist, d.h. die mit der Gruppe gewählten Begriffe dem entsprechen, was sie selbst als Projektwerte erkennt. Es ist auch möglich, dass die Quellenperson nicht den Eindruck hat, dass sie am Ursprung der Werte ihrer Initiative steht, sondern dass diese Werte bereits in der Idee, Intuition, Inspiration enthalten waren, die sie zu Beginn erhalten hatte, und dass sie nur zustimmen musste. Unabhängig von der gewählten Option ist es immer am Anfang die Quellenperson, die die Werte ihrer Initiative erkennt, sie sichtbar in das Projekt einschreibt und sie bewahrt, indem sie dafür sorgt, dass sie von allen respektiert werden.

Peter Koenig warnt uns in diesem Zusammenhang, mit dem Begriff „gemeinsame Werte" sehr vorsichtig zu sein. Wenn die Mitglieder des Kollektivs an der Formulierung der Projektwerte beteiligt sind, soll die Zusammenarbeit mit der Quellenperson nicht darauf abzielen, einen kleinsten gemeinsamen Nenner zu erlangen, dem sich alle anschliessen können, weil sie diese Arbeit gemeinsam geleistet haben. Die Werte des Projekts werden nicht „geteilt", weil sie die Zustimmung aller gefunden haben, sondern weil sie die Werte des Projektes und somit der Quellenperson sind. Die Menschen, die sich für die Teilnahme am Projekt entschieden haben, wurden nur von diesen Werten angezogen, weil diese ihren eigenen Werten entsprachen. Mit anderen Worten, die Quellenperson und die Mitglieder des Kollektivs „teilen" grundsätzlich die gleichen Werte, nicht weil sie sie gemeinsam definiert hätten, sondern weil sie alle, noch vor der gemeinsamen Artikulation, mit den Werten des Projekts in Resonanz stehen. Wenn die gemeinsame Arbeit der Werteformulierung es ermöglicht, sich dessen bewusst zu werden, dann umso besser!

Im Gegensatz zu der Vision, die anpassungsfähig sein muss, ändern sich die Werte nicht, auch wenn die Person, aus der die Quelle kommt, ihre Verantwortung als Quelle auf einen Nachfolger überträgt. Sie bilden die dauerhafte Identität des Projekts, den roten Faden durch seine wechselhafte Geschichte und die Generationen von Menschen, die dafür Quelle waren. Werte sind der stärkste Ausdruck dessen, was das Projekt ist, so sehr, dass, wenn man die Werte ändert, man das Projekt ändert.

Vision und Werte bilden zusammen die Seele der ersten Initiative, die DNA des Projekts, seine Essenz in Bezug auf Identität und Zweck. Die Vision und die Werte geben den Rahmen für das Projekt vor, für den die Quellenperson garantiert. Deshalb ist es nicht ungewöhnlich, dass eine Quellenperson (die andererseits völlig umgänglich sein kann) „kraftvoll" eingreift, wenn die Werte ihrer Initiative verletzt werden oder ihre Vision behindert wird. Sie übt dann mit aller Energie, die nötig ist, ihre Rolle als Hüterin im Dienst des Projekts aus.

Jetzt, da wir die drei Rollen der Quellenperson kennen, können wir ihre Definition vervollständigen: Die „Quellenperson" erhält eine Idee, eine Vision und geht Initiativen und Risiken ein, um sie zu verwirklichen; sie bestimmt die nächsten Schritte bei der Entwicklung der Idee und stellt sicher, dass die von ihr erkannten Werte und die Vision respektiert werden.

Unternehmer, Führer, Hüter: Ist das nicht dasselbe wie eine verantwortliche Person zu sein? Ausserdem, wo stehe ich selbst in Bezug auf diese drei Rollen bei der Ausübung meiner Verantwortung? Lasst uns kurz darüber nachdenken, bevor wir weitergehen…

Kapitel 3

Sich als Quelle erkennen und sie leben

IN der Natur ist eine Quelle ursprünglich ein ruhendes Grundwasserbett, das niemand sieht, versteckt unter der Erde. Ein plötzliches Ereignis, wie ein Riss oder ein Erdrutsch, führt dazu, dass es ausbricht. Das Gleiche gilt für die Quellenperson: Sie hat bestimmte Fähigkeiten, eine Persönlichkeit, eine Lebenserfahrung, einen fruchtbaren Untergrund, der da ist und plötzlich kommt eine Idee auf. Das Wasser folgt seinem eigenen Weg (die Quelle beginnt ihren *Ergon*), bildet sein Flussbett in verschiedenen Geländearten (sie ergreift Initiativen und Risiken) und macht Umwege (sie zweifelt!). Das Wasser fliesst frei und grosszügig, immer weiter und weiter. Das Gleiche gilt für die Quellenperson, die ihr Projekt nicht nur auslöst, sondern es auch nachhaltig und erfolgreich macht... vorausgesetzt jedoch, sie ist sich ihrer Rolle als Quelle, der damit verbundenen Verantwortlichkeiten und Möglichkeiten bewusst und handelt und lebt in Übereinstimmung mit ihrem Bewusstsein.

Kennen Sie den Unterschied zwischen einem Amateur und einem Profi? Ein bekanntes Sprichwort gibt diese Antwort: „Der Amateur weiss, was zu tun ist, während der Profi weiss, was man nicht tun darf". Mir scheint jedoch, dass ich in meiner Rolle als Quellenperson allzu oft mehr Amateur als Profi bin! Zu wissen, was zu tun ist, reicht also nicht aus, um mich als Quelle zu positionieren; ich muss auch wissen, was ich nicht tun soll, was Peter Koenig in etwas scharfen, aber durchaus berechtigten Worten „die Pathologien der Quelle" nennt. Wenn ich nämlich meine Verantwortung als Quellenperson nicht, schlecht, oder nicht ausreichend wahrnehme, wird dies sowohl unmittelbare als auch langfristige Auswirkungen auf meine Initiative, meine Funktion, meine Beziehung, mein Projekt haben. Es ist keine Übertreibung zu sagen, dass das Haupthindernis für die Entwicklung eines Projekts .... seine Quellenperson ist! So wie es ebenso deren mächtigste Antriebskraft sein kann.

Wie wird man also zu einer „professionellen" Quelle? Indem ich zuerst meine Schwächen als Quellenperson erkenne und dann die entsprechenden Gegenmittel anwende. Im Folgenden betrachten wir einige typische Pathologien im Bereich der Quelle.

1. Der Ignorante: Seine Quelle verkennen. Die allererste Krankheit, sowohl in Bezug auf die Anzahl der Patienten als auch auf das Ausmass ihrer Auswirkungen auf menschliche Initiativen, ist zweifellos diejenige, sich selbst nicht (genug) als Quellenperson zu erkennen.

Wir berechnen nicht die Verwüstung, die diese Epidemie in unseren Unternehmen, unseren Institutionen, unseren Initiativen aller Art angerichtet hat. So viel Leid, Energie- und Ressourcenverschwendung hätten vermieden werden können, wenn sich nur die Quelle als solche erkannt hätte!

Vorzugeben, dass niemand verantwortlich sei, obwohl alle wissen, dass ich es bin, und sie vergeblich ihren fragenden Blick auf mich richten, damit ich ihnen den nächsten Schritt kommuniziere, ist ein schreckliches Hindernis — auch für mich! — gegenüber meinem eigenen Projekt, meinem Team oder der Organisation, für die ich die Quelle bin. Man muss es selbst erlebt haben, um sich der vielen Kollateralschäden bewusst zu sein, die durch eine solche Haltung verursacht werden, es ist dramatisch. Ich denke ungern an die Jahre zurück, in denen ich (auch mir selbst gegenüber!) vorgab, nicht die globale Quellenperson eines Vereins zu sein, während die Mitglieder seines Zentralkomitees ihre Zeit und Nerven in einem gnadenlosen Clankrieg verschwendeten. Wenn sie zu diesem Punkt gekommen waren, dann weil sie den Kompass des Führers, die Erinnerung an den Rahmen des Projektes durch den Hüter und die Risikobereitschaft des Unternehmers zu lange vermisst hatten. Es war, als würde das Flugzeug des Vereins ohne einen Piloten an Bord fliegen, oder besser gesagt, als wenn der Pilot die meiste Zeit auf der Toilette schläft!

Ich bin vielleicht ein wenig zu hart zu mir selbst. Die Person in einer solchen „Quellenverleugnungs“-Situation hat vielleicht ihre ursprüngliche Initiative mit viel Enthusiasmus ergriffen (wie ich damals), hat aber ihre Leidenschaft auf dem Weg dorthin aus durchaus verständlichen Gründen verloren. Es kommt auch vor, dass die Quellenperson sich einfach nicht vorstellen kann, dass sie in der Lage ist, für ihre Initiative verantwortlich zu sein, entweder weil sie sich für inkompetent hält, oder weil sie nicht erkannt hat, dass die von ihr eingeleitete Idee ein Follow-up erforderte, das ebenfalls angegangen werden müsste.

Wie kann der Mangel an Anerkennung der Quelle behoben werden? Es ist ein guter Reflex, rechtzeitig darüber nachzudenken, was ich als Quellenperson mit meiner Initiative auslöse. In diesem Fall hat sich die Erinnerung an meine vergangenen Fehler als hilfreich und ausreichend erwiesen, um meine Rolle als Quelle für neue Initiativen ernster zu nehmen.

Wenn ich jedoch, ohne es (genug) anzuerkennen, schon länger eine Quellenperson bin, ist der Genesungsprozess länger und mühsamer: dann ist eine grundlegende Arbeit an meinen Blockaden notwendig. Handelt es sich nun um eine zu behebende Charakterschwäche (Faulheit, systematischer Zweifel oder mangelndes Selbstvertrauen), eine zu ändernde einschränkende Überzeugung (wie „Ich bin inkompetent", „Meine Ideen sind nicht interessant", „andere tun das viel besser als ich", und so weiter), eine zu überwindende Angst (Angst, es nicht zu schaffen, vor dem zunehmenden Risiko, vor dem Ausmass, das die Initiative annimmt, vor dem, was davon gehalten wird, und so weiter) oder eine Projektion, die zurecht gerückt werden muss (wie z.B. „Quellenverantwortung ist ein Machtspiel", oder „den nächsten Schritt zu kommunizieren ist Manipulation", usw.). Jede Quellenperson hat ihre eigenen Blockaden; auch in diesem Bereich ist der Mensch sehr kreativ!

Wer eine Initiative als Quelle ergreift, sollte früher oder später damit rechnen, mit seinen

persönlichen Schwächen kämpfen zu müssen, welche auch immer es sein mögen. Denn die Quellenverantwortung ist ein hervorragender Katalysator, der sie zum Vorschein bringt. Jeder hat Blockaden, das ist völlig normal, und wir alle sind aufgefordert, sie anzugehen zu bekämpfen, wenn nicht gar vollständig zu neutralisieren oder doch zumindest ihre Auswirkungen zu verringern. Zu lernen, sich selbst als Quellenperson zu erkennen und dementsprechend zu handeln, kann durch die Unterstützung einer anderen Person oder durch eine mit mehreren Personen gemeinsam absolvierte Ausbildung erleichtert werden. Hier kann man im Dialog die Quellenprinzipien vertiefen und den „alten Ticks" auf der Grundlage der Erfahrung anderer entgegenwirken: Wir sind Beziehungswesen, das dürfen wir nicht vergessen!

Der schönste Beitrag, den eine Quellenperson zum Erfolg seiner eigenen Initiative leisten kann, ist die beherzte Aufnahme dieser „Auseinandersetzung mit sich selbst", die in Wirklichkeit Ausdruck des tiefsten Respekts und der Liebe sich selbst gegenüber ist. Denn dieser Kampf erlaubt es ihr, sich voll und ganz zu entfalten in dieser menschlichen, edlen und schöpferischen Tätigkeit, die Dinge in der Welt entstehen lässt, die ohne das Eingreifen einer Quelle nie existiert hätten.

2. Der Despot: Quelle und Ego verwechseln. Die zweite grosse Quellenpathologie, der wir begegnen, besteht darin, „zu sehr" Quelle sein zu wollen, d.h. zu glauben, dass man der Eigentümer und nicht der Verwalter seiner Initiative ist. Peter Koenig sagt gerne, dass eine Quellenperson eine Diktatorin im wahrsten Sinne des Wortes sein muss, d.h. „der die folgenden Schritte diktiert“, sobald er sich ihrer klar geworden ist; aber niemals durch Verwüstung oder durch Verletzung anderer, wie es der Despot tut! Diese Krankheit, die in Wirklichkeit ein Irrglaube ist, wird weiter verstärkt, wenn die betroffene Quellenperson die rechtliche Eigentümerin ihrer Initiative (z.B. organisiert als Unternehmen) oder der Hauptförderer seines Projekts ist: Sie verwechselt dann leicht die Vorrechte der Quellenrolle mit den Forderungen ihres Egos.... Vergessen wir jedoch nicht, dass sich der Begriff „Ego“ in seinem primären psychologischen Sinne auf „die Selbstdarstellung und Selbsterkenntnis“ bezieht, die eine äusserst gesunde und sogar wesentliche Fähigkeit für das Gleichgewicht des Menschen ist. In diesem Buch verwende ich „Ego“ eher im engen und abwertenden Sinne einer „falschen Selbstdarstellung“, wie im Ausdruck „ein überdimensioniertes Ego haben“. Paradoxerweise würde eine Person, die „zu viel“ Quelle ist, ihre Quellenverantwortung tatsächlich auch nicht ausreichend ausüben. Denn anstatt ihrem Projekt zu dienen, wie es für eine Quellenperson angemessen ist, würde sie ihr Projekt nutzen, um ihre persönlichen Wünsche und Vorstellungen zu erfüllen.

Ich denke, wir alle haben solche Menschen schon einmal getroffen: Sie verwalten ihr Projekt mit einer autoritären Hand, setzen sich selbst ständig an die erste Stelle, geben ihrem Zorn und manchmal ihrer Gewalt freien Lauf, kontrollieren alles und lassen denjenigen, die an dem Projekt mitwirken, sehr wenig Raum. Sie erlassen in ihrem Projekt Gesetze, überschreiten sie aber selbst, ohne mit der Wimper zu zucken. Passend zum Sprichwort „tue, was ich sage, nicht, was ich tue“, verkünden sie mit dem Mund die authentischsten Quellenprinzipien, während sie in ihrem eigenen Handeln genau das Gegenteil tun. Ihre Krankheit besteht darin, die Vorschläge ihres Egos den diskreten Inspirationen ihrer Quelle vorzuziehen. Paradoxerweise verbirgt eine solche Haltung einen Mangel an Vertrauen in ihre Quelle und in deren natürliche Autorität. Sie verwechseln ihre eigenen Schwächen mit denen der Quelle, und glauben, diese kompensieren zu müssen, indem die angeblich scheiternde Quelle durch ein rigoroses Ego ersetzt wird. Das Ergebnis ist, dass die Quellenperson mit dem falschen Motor fährt und die riesige kohlebetriebene Maschine des Egos anstelle des diskreten, aber sehr starken Photovoltaik-Motors der Quelle nutzt.... Hallo Umweltverschmutzung! Der vielleicht erschütterndste Effekt von all dem ist, dass die Initiative, das Projekt, das Geschäft, die Beziehung nie das volle Potenzial erreichen wird, das seine Inspirationen aus der Quelle ermöglicht hätten.

Wie kann diese tiefe Krankheit geheilt werden? Ernsthafte Arbeit an sich selbst, am Mangel an Selbstvertrauen, am Irrglauben, den Ängsten, den vielfältigen Projektionen, die an der Ausübung der Quelle festhängen, den behindernden Charaktereigenschaften ist hier erforderlich., wie schon bei der ersten Pathologie. Manchmal ist es notwendig, grosse Schwierigkeiten in einem Projekt oder einer Beziehung anzutreffen, um aufzuwachen und diese Arbeit der Selbstbeobachtung zu beginnen. Quellenpersonen, die den Pilgerstab auf diesem inneren Weg entschlossen ergreifen, verwandeln sich, manchmal in spektakulärer Weise, in Lichtwesen und demütige, starke Quellen. Die Anziehungskraft ihres Projekts, das von neuem durch seinen ursprünglich vorgesehenen Elan angetrieben wird, ist das schönste Zeugnis dafür.

Sobald die Quellenperson die Ego-Wüste auf der Suche nach der Quelle durchquert hat, beginnt sie, sich selbst besser zu kennen und sich um ihre Schwächen zu kümmern. Es ist eine ausgezeichnete Haltung, die mich an das Gebet des Heiligen Philipp Neri (16. Jahrhundert) „Herr, hüte dich vor Philippus" erinnert, das die Quellenperson mit einem wohlwollenden Lächeln nützlicherweise in ein „Quelle, hüte dich vor mir! » verwandeln könnte.

Es gibt eine Variante der „zu viel Ego"-Krankheit, die auch bekannt sein sollte: Ich werde sie die Krankheit *des Quellenusurpators* nennen. Es ist eine Person, die, oft unbewusst, versucht, die Quelle an der Stelle der Quellenperson des Projekts zu sein, sozusagen „Kalif an der Stelle des Kalifen" zu werden. Die Quelle wird jedoch nur übertragen, wenn sie von der ursprünglichen Quellenperson selbst in voller Freiwilligkeit übertragen wurde, denn niemand kann sie von ihr erpressen. Zwar kann eine globale Quellenperson von ihrem eigenen Projekt ausgeschlossen werden. Denken Sie an Steve Jobs, der gezwungen war, das Unternehmen Apple für 11 Jahre zu verlassen, von dem er unbestreitbar die Quelle war. Sie wird aber immer die Quellenperson bleiben, solange sie diese Quelle nicht selbst an jemand anderen übertragen hat. Der Quellenräuber hat nicht verstanden, dass die Quelle eine unveräusserliche Rolle ist und dass seine Bemühungen, sie sich anzueignen, völlig sinnlos sind. Er versucht, manchmal sehr subtil, die Entscheidungsbereiche des Projekts zu infiltrieren, durch die Besetzung von Einflusspositionen „Macht" zu erlangen, seine Stimme überall hören zu lassen und sich sogar als Quelle zu proklamieren, sobald er die Möglichkeit dazu hat. Es kann sogar auch vorkommen, dass ein Usurpator versucht, ein spezifisches Quellenfeld, das die globale Quelle ihm eigentlich nicht gerne anvertrauen würde, gewaltsam an sich zu reissen.

Sicherlich hat der Usurpator die Ego-Krankheit, wie seine „Ich, Ich"-Haltung und seine Bereitschaft, Dinge zu erzwingen, zeigen, weshalb ich ihn zu den „Despoten"-Kranken zähle. Man muss auch verstehen, dass sich seine Krankheit nur dank des „Vakuums" entwickeln konnte, das eine Quelle hinterlässt, die an der Krankheit des Unwissenden leidet, desjenigen, der seine Quelle leugnet. In der Tat, wenn der Usurpator denkt, dass er den Platz der Quellenperson einnehmen kann, dann liegt das daran, dass die eigentliche Quelle diesen nicht ausreichend ausfüllt. Wer Ohren hat zu hören, der höre! Das beste Heilmittel gegen den Usurpator der Quelle, der dem Projekt grossen Schaden zufügen kann, indem er durch seine vergeblichen aufständischen Versuche Verwirrung und Ärger schafft, ist, dass die authentische Quellenperson aufsteht und ihre Quelle mit einer festen Hand und einem sicheren Herzen packt. Was den Quellenusurpator selbst betrifft, so wäre die beste Selbstmedikation, wenn er entdecken würde, wovon er in seinem Leben wirklich selbst Quelle ist, und sich darauf zu konzentrieren, anstatt unberechtigt die Quelle eines anderen zu beanspruchen.

3. Der Weiche: die Arbeit der Quelle vernachlässigen. Die dritte typische Pathologie betrifft Menschen, die sich selbst als Quelle erkennen, aber nicht von der Anerkennung zur Handlung übergehen. Sie vernachlässigen die im vorherigen Kapitel beschriebenen Hauptaufgaben der Quelle, die darin bestehen, ihren Intuitionen zuzuhören, Initiativen und Risiken einzugehen, die nächsten Schritte zu klären und die Gesamtheit der Werte und der Vision zu verteidigen. Der Motor der kranken Quellenperson ist zu schwach, das Potenzial ihrer ersten Initiative, ihres Projekts ist noch lange nicht voll ausgeschöpft. Dieser Motor versetzt sich dann allmählich in einen blossen Überlebensmodus, und bald beginnen die treibenden Kräfte, die sich ihm zunächst begeistert angeschlossen hatten, ihr Projekt auf der Suche nach motivierenden Herausforderungen zu verlassen. Diese Situation kann mehr oder weniger lang andauern (je nachdem, wieviel Energie noch im Projekt vorhanden ist), aber sie wird gewiss irgendwann zum Tod der Initiative führen, wenn die Quellenperson nicht aus ihrer lähmenden Lethargie heraustritt.

Jede Quellenperson kann sich zu einem bestimmten Zeitpunkt in ihrer „Quellenkarriere" die „Krankheit der Weichheit" zuziehen, z.B. durch eine Zeit des Leerlaufs oder einen Mangel an Motivation. Wenn die Reaktion korrekt ist, hält die Schwäche nur für kurze Zeit an. Aber einige Menschen haben hartnäckigere Schwierigkeiten, sich an die Quellenarbeit zu setzen, aus Gründen, die an die bereits erwähnte Krankheit der Ignoranten erinnern. Auch hier gilt: Allein, im Dialog oder in einer Gruppe am Charakter zu arbeiten und einschränkende Überzeugungen, Ängste und Projektionen zu überwinden. Aber es gibt noch andere, ergänzende Heilmittel, die wir schnell anschneiden werden.

- *Nehmen Sie sich den Vorsatz, persönlich als Quelle zu agieren.* Machen Sie es nicht zu einem Ziel, sondern zu einer tiefen Absicht*, die Sie sich regelmässig wiederholen, um sie zu erneuern. Die Absicht ist wie ein Anschub, ein Auslöser, der Startmotor

Ihrer Aktion.

- *Nehmen Sie sich eine kleine Auszeit, um die Vision festzulegen und die nächsten Schritte zu klären.* Reservieren Sie entsprechende Energie und Zeit — „Quellenzeit" — in der Agenda, die ausschliesslich dem Überlegen (allein und in Gruppen) gewidmet sind, und wiederholen Sie dies regelmässig. Den Kopf frei zu machen, um sich auf das zu konzentrieren, was niemand sonst an Ihrer Stelle als Quellenperson tun kann, ist der grösste Mehrwert, den Sie beitragen können. Zu diesen Zeiten ist es sinnvoll, die Details der Operationalisierung anderen zu überlassen, um sich auf seine Rolle als Quelle zu fokussieren.

- *Übernehmen Sie die Verantwortung der Quelle, freudig.* Etymologisch bezeichnet auf Französisch der Verantwortliche („responsable") denjenigen, „der die Antwort („la réponse") in sich trägt". Ich mag diesen Ausdruck besonders, da er sich gut auf die Quellenperson anwenden lässt, die die Ausgangsidee in sich trägt, deren erste Initiative die „erste Antwort" darauf war; dann fährt sie dank ihrer unaufhörlichen Klärungsarbeit fort, immerzu die eindringliche Frage des nächsten Schrittes zu „beantworten". Schliesslich „verantwortet" sie sich als Quellenperson für das ganze Projekt, für seine Vision, seine Werte, seine Durchführung, seine Mitarbeitenden, seine Leistungen. Wenn also der nächste Schritt darin besteht, ein Risiko einzugehen,

dann ist es meine Verantwortung als Quelle, dies ohne zu zögern zu tun. Wenn der nächste Schritt darin besteht, eine Initiative zu ergreifen, ist es verantwortlich, direkt zur Sache zu gehen; wenn es darum geht, einzugreifen, an den Rahmen zu erinnern, dann werde ich es ohne Verzögerung tun, und so weiter.
Und warum freudig Verantwortung übernehmen? Weil es viel schöner und belebender ist, die „Antwort, die wir in uns tragen", mit einem freudigen Herzen auszudrücken; es hat Jahre gedauert, bis ich das verstanden habe! Nur dann wird das *Ergon* der Quellenperson zur Kunst.

Lassen Sie uns unseren Überblick über die Blockaden und Schwächen der Quelle abschliessen. Die Beschreibung der auftretenden Hauptpathologien könnte den Eindruck erwecken, dass jede Pathologie einem präzisen und klar definierten Prozess folgt; in Wirklichkeit hängen die drei Pathologien zusammen und vermischen sich nach Belieben. Sind wir nicht alle manchmal ein wenig ignorant, despotisch oder weich?

Stellen Sie sich die Positionierung der Quellenperson wie einen Schieber auf einer geraden Linie vor, deren Anfang eine Null der persönlichen Nicht-Beteiligung darstellen würde (es ist die Krankheit des Weichen), und deren Ende ein 100%iges „Ego" (die Despot-Krankheit), während diejenigen, die den Schieber nicht einmal sehen, die Pathologie des Ignoranten haben. Die Heilung der kranken Quellenperson würde dann darin bestehen, den Cursor zu nehmen (dafür muss man ihn zuerst einmal sehen) und ihn in die Mitte zwischen den beiden

Extremen zu bewegen. Nun ist die Mitte der Ort der Tugend, sagt der griechische Philosoph Aristoteles (Fünftes Jahrhundert v. Chr. — siehe seine *Nikomachische Ethik*, 1107a): Die Mitte, erklärt er, definiert Perfektion, nicht als Durchschnitt, sondern als Gipfel zwischen Defekt und Überschuss, sozusagen als Gebirgskamm. Auf diesem Gipfel zu bleiben — oder ohne Verzögerung darauf zurückzukommen, wenn man auf der einen oder anderen Seite abgerutscht ist — ist eine dynamische und dauerhafte Aufgabe für jede Quellenperson: Wir alle sind jeden Tag eingeladen, in unserem Handeln diese genaue Mitte der Tugend zu finden.

Sich selbst als Quelle zu erkennen und in Übereinstimmung mit ihr zu leben, indem man den Schieber in der Mitte der Tugend positioniert, setzt eine phänomenale Energie in der Initiative, dem Projekt, der Position, der Beziehung, in der man eine Quellenperson ist, frei. Diese Energie entwickelt die gesunde Quellenperson zunächst in sich selbst, in Form einer Leidenschaft für ihr Projekt. Diese Leidenschaft ist ansteckend, wenn andere Menschen an ihrem Projekt teilnehmen und das Projekt mit tausend Feuerwerken an Energie und Begeisterung entfacht wird. Die Leidenschaft hilft auch, die Quellenprinzipien mit Leichtigkeit auszuüben, nicht mehr von Verantwortung überwältigt zu werden, sondern in Freude derjenige zu sein, der das Privileg hat, ein Handwerker und Schöpfer von etwas zu sein.

Spüren Sie auch diese Leidenschaft, diese Energie in Ihrer Initiative?

Zweiter Teil

DIE QUELLE TEILEN

Kapitel 4

Globale und spezifische Quellen

NACHDEM man die Quelle in sich selbst aufgenommen hat, ist es angebracht, sie mit anderen zu teilen, das liegt in der Natur der Dinge. Für eine Quellenperson ist es selten, eine Initiative ganz allein und ohne die Unterstützung von jemandem durchführen zu können. Meistens brauche ich andere, die mir helfen, meine Idee zu verwirklichen und meine Initiative zu vollenden. Wenn ich andere in mein Projekt aufnehme, was kann ich dann mit ihnen teilen, was kann ich von der Quelle hergeben und was soll ich in meinen Händen halten? Das sind die grossen Fragen, auf die dieser zweite Teil dieses kleinen roten Buches in drei Schritten antworten wird: Zuerst (Kapitel 4) betrachten wir die Verteilung der Quellenverantwortung in einem Projekt, dann (Kapitel 5) die Beziehung der Quellenperson mit dem Projektkollektiv, und schliesslich (Kapitel 6) die

Zusammenarbeit der Quellenpersonen untereinander.

Peter Koenig erklärt, dass jemand ein Feld schafft, wenn er eine Idee, eine Intuition, eine Inspiration empfängt und beginnt, eine Initiative (und Risiken) zu ergreifen, um sie zu realisieren. Im Moment der Erschaffung dieses Feldes wird er zu einer Quellenperson. Dieses Feld ist das Spielfeld, auf dem sich seine Initiative zu einem Projekt, Unternehmen, Haus, einer Funktion, Beziehung entwickelt. Dieses Feld hat Konturen und Grenzen, nämlich die Visionen und Werte, die die Quellenperson in ihrer Initiative erkennt. Dieses Feld ist wie eine lebende Zelle, es ist erweiterbar und kann sich auch zusammenziehen, nach dem Willen der Quellenperson und nach den Möglichkeiten der Projektumgebung.

Die Quellenperson, die das Feld geschaffen hat, bleibt für dessen Entwicklung im Laufe der Zeit verantwortlich; wir nennen sie die *„globale Quelle“*, um diese Verantwortung für das gesamte Feld zu bezeichnen, sowohl für seine räumliche Ausdehnung als auch für seine Entwicklung über die Zeit. Eine globale Quelle ist nicht Eigentümerin des Feldes (sie kann es sein oder auch nicht), sondern die verantwortliche Person: eine Quelle zu sein ist eine Dienstleistung, kein Besitz! Die globale Quelle übernimmt dabei Verantwortung, insbesondere durch die Rolle der Unternehmerin, Führerin und Hüterin.

Um mit ihrer Initiative voranzukommen, braucht die globale Quelle Unterstützung, Menschen, die ihr helfen. Diese Menschen nähern sich dem Projekt auf verschiedene Weise: manchmal kommen sie „angerannt“, angezogen von der Energie, der Initiative und der Leidenschaft der globalen Quelle; manchmal ergreift die globale Quelle, basierend auf ihrer Intuition, die Initiative, ihnen eine Rolle innerhalb des Projekts vorzuschlagen.

Indem sie jemanden in das Projekt aufnimmt, bietet die globale Quelle einen Platz in ihrem Feld an: Sie benennt einen Teil des Felds, den der Neuankömmling als sein eigenes Spielfeld, seinen persönlichen Arbeitsplatz innerhalb des Projektfelds betrachten kann. Durch die Annahme der Ernennung wird diese Person zur *„spezifischen Quelle"* dieses Bereichs, und von nun an trägt sie die volle Verantwortung für ihn als Quelle, die sie auch in der Rolle des Unternehmers, Führers und Hüters ausübt, unter Beachtung des Rahmens (Vision und Werte), den die globale Quelle für das Projekt festgelegt hat. Sobald die globale Quelle jedoch einen Teil ihres Feldes an die spezifische Quelle übermittelt hat, ist es die letztere, die beginnt, die Intuitionen, Ideen und Quelleninspirationen zu diesem Teil des Feldes sowie die Energie, die für ihre Umsetzung notwendig ist, zu empfangen, während die globale Quelle sie nicht mehr erhält! Wir können hier eine bemerkenswerte „Quellenökonomie" vermuten, die sowohl das Geschenk der globalen Quelle als auch die wichtige Rolle der spezifischen Quelle voll respektiert, was zu einer höheren Effizienz bei der Umsetzung des Projekts führt; ausserdem beweist dieser „Transfer von Intuitionen" von einer Person zur anderen, dass die Quelle, obwohl unsichtbar, tatsächlich etwas Reales ist...

Ein einzelnes Projekt kann also viele spezifische Quellen aufnehmen, so viele, wie zu seiner Realisierung nötig sind; für jede Primärinitiative, für jedes Projekt, Unternehmen, Boot, Haus oder Beziehung gibt es immer nur eine globale Quelle. Selbst wenn von Beginn des Projekts an ein Team vorhanden ist, hat eine einzelne Person die erste Initiative und das erste Risiko ergriffen. Manchmal braucht es einige Recherchen oder Interviews, um diese Person zu finden, aber es lohnt sich, denn wenn nicht klar ist, wer die globale Quelle des Projekts ist, ist diese Person wahrscheinlich in Schwierigkeiten, betroffen von der Krankheit der Ignoranz oder der oben genannten Weichheit. Darüber hinaus lässt diese Unklarheit über die Quellenrolle des Projekts das Feld offen für den Versuch eines Überfalls durch einen an der Despoten-Krankheit Leidenden Quellenusurpator, der sich im Projektgebiet herumtreiben könnte.

Eine spezifische Quelle kann wiederum andere spezifische Quellen in ihrem Teil des Feldes aufnehmen; sie fungiert dann als „globale Quelle" für diese, während sie für das gesamte Projekt eine spezifische Quelle bleibt. Letztendlich muss sich jede Person, die an dem Projekt mitwirkt, als spezifische Quelle eines Teils des Feldes (egal wie klein oder gross) verstehen und dort investieren, indem sie Initiativen übernimmt und Risiken eingeht, Intuitionen erhält und die nächsten Schritte klärt.

Es folgt eine Kaskade von globalen und spezifischen Quellen, die ein Netzwerk bilden, was wiederum den Hauptreichtum eines Projekts ausmacht: es verbindet die verschiedenen Teile des Feldes miteinander, stellt ihre Kohärenz und Kohäsion durch den gemeinsamen Bezug auf dieselbe globale Quelle sicher, nutzt ein Maximum an Ideen und Intuitionen von überall her und verteilt die Verantwortlichkeiten kongruent. In einem Projekt, in dem die Quellen gut verteilt sind, haben alle ihre eigene Rolle und können ihr eigenes Charisma

entfalten.

Diese kaskadierende Verteilung der Quellen erinnert mich an die Firma, in der ich vor vielen Jahren gearbeitet habe. Als erster Internet-Provider der Schweiz wurde sie von Pierre Hemmer gegründet, einem Visionär und einer hervorragenden globalen Quelle. Als er auf die Idee kam, der Allgemeinheit Internetanschlüsse zur Verfügung zu stellen, wusste fast niemand, was das überhaupt war. Als er die Grösse der Aufgabe erkannte, umgab er sich schnell mit Mitarbeitern, denen er sehr bewusst Teile seines Feldes anvertraute. Seiner Intuition folgend, dass die Ankunft des Internets mehr ein menschliches und soziales als ein technisches Problem war, begann er neben den bereits an Bord befindlichen Ingenieuren auch Archäologen, Literaturwissenschaftler und einen Philosophen einzustellen und ihnen Projektleiterrollen anzuvertrauen: Diese „Kulturspezialisten“ würden zu geeigneteren Schnittstellen zum Kunden werden als Techniker. Pierre lud jeden Neuankömmling ein, seinen eigenen Beruf zu „erschaffen“, um ihm Gestalt zu geben, mit umso mehr Freiheit, als die Web-Berufe damals in voller Entwicklung waren. Ohne das Vokabular der Quelle zu kennen, das es noch nicht gab, wollte er jeden von uns zu einer spezifischen Quelle machen, die für ihr Gebiet voll verantwortlich ist. Sicherlich hatte Pierre auch seine Fehler, aber er hatte das grosse Verdienst, seine vierzig Mitarbeitenden ganz bewusst in die Rolle des Unternehmers, Führers und Hüters einzuführen, und seine Vision war ansteckend. So sehr, dass die ehemaligen Mitarbeitenden nach dem Platzen der Internetblase im Jahr 2001 und dem Wegfall des Unternehmens im Handumdrehen nicht weniger als sieben neue Unternehmen — darunter Ordinata

— auf der Grundlage dieser einzigartigen Erfahrung gründeten: Ihr Training als spezifische Quelle hatte ihnen den Mut und die Begeisterung gegeben, sich nunmehr als globale Quelle zu etablieren... Ich möchte diesem aussergewöhnlichen Mann, der im Alter von 63 Jahren durch einen Unfall gestorben ist, meinen grossen Dank aussprechen, weil er mir eine richtige „Quellenausbildung" ermöglicht hat, indem er mir nacheinander mehrere Positionen in der Kaskade zuwies.

Diese Kaskade von Quellen eines Projekts könnte grafisch durch einen grossen Kreis (das globale Quellenfeld) dargestellt werden, der mehrere Kreise unterschiedlicher Grösse (die Spielfelder spezifischer Quellen) enthält, von denen einige wiederum kleinere Kreise beinhalten, und so weiter, wobei jeder Kreis in der Zeichnung einer Quellenperson entspricht. Die von Tom Nixon, einer der Säulen des Netzwerks von Peter Koenig, entwickelte Software „Maptio" (maptio.com) hilft, diese Quellenbeziehungen abzubilden, um besser zu verstehen, wer wie an einem Projekt beteiligt ist.

Dieses Bild stellt auf einen Blick alle Quellen des Projekts sowie deren Zusammenhänge visuell dar. Es zeigt die natürliche Ordnung der Zusammenarbeit innerhalb des Projekts, eine interessante (und deutlich andere!) Ergänzung zu unseren traditionellen Organigrammen. Ein Organigramm liefert eher Informationen über das „Wie", wobei die Kaskade der Quellen das „Warum" hervorhebt. Anstatt traditionelle hierarchische Beziehungen zu symbolisieren, mit all der Schwere und Verzerrung, die wir kennen, betont die Kaskade der Quellen, die durch die Verflechtung von Kreisen dargestellt wird, die organischen Verbindungen zwischen den Quellen. Sie zeigt ihre komplexen Beziehungen als Menschen auf, die in der Lage sind, Intuitionen zu empfangen, Initiativen und Risiken zu ergreifen, ihre Aufgabe vorausschauend zu betrachten (der nächste Schritt) und Vision, Werte und Ideen (die der globalen Quelle) zu teilen. Das Projekt kann auch von ihrer eigenen Vision, ihren eigenen Werten und Ideen (als spezifische Quellen) profitieren, was es der Quellenkaskade ermöglicht, frei in alle Richtungen zu fliessen… Letztendlich stellen die ineinandergreifenden Kreise die Gesamtverantwortung dar, die jede Person für das Ausmass und die Entwicklung des ihr anvertrauten Feldes (oder Teils) trägt.

Diese organischen Verbindungen zwischen den Quellen, die durch die Bilder der Kaskade und des Netzwerks veranschaulicht werden, offenbaren eine Form der Hierarchie, die an die ursprüngliche Bedeutung des Wortes „Hierarchie" erinnert, was *„heilige Ordnung"* bedeutet, wie Peter Koenig gerne hervorhebt. Das Netzwerk der Quellen ist daher keineswegs zufällig, im Gegenteil, sondern wird nach einer impliziten Ordnung aufgebaut, in der jeder seine Rolle und seine volle Verantwortung zu übernehmen hat, entsprechend seiner eigenen Positionierung im Projektfeld.

Wie ist diese „Gesamtverantwortung jedes Einzelnen" möglich? Auf der einen Seite haben wir gesagt, dass die globale Quelle sowohl für das Feld (Raum) als auch für die Entwicklung (Zeit) des einmal initiierten Projekts voll verantwortlich ist, während wir auf der anderen Seite die volle Verantwortung der spezifischen Quelle für ihren Teil des Projektfeldes bekräftigen. Wie können diese beiden Verantwortlichkeiten, die sich teilweise zu überschneiden scheinen, miteinander in Einklang gebracht werden?

Nehmen wir an, inspiriert durch Aristoteles, dass die beiden Quellenpersonen voll verantwortlich sind, aber nicht in gleicher Weise. Alles ist hier eine Frage der Perspektive: Anstatt Verantwortung als eindeutigen Begriff zu übernehmen, d.h. nur eine einzige Definition zu akzeptieren, betrachten wir sie als eine analoge Realität, d.h. eine, die je nach Art des Objekts und dem Blickwinkel, den wir beim Betrachten einnehmen, differenziert verstanden werden kann.

Für die spezifische Quelle ist ihre Verantwortung seitens des Feldes insofern *gesamt*, als es an ihr liegt, Unternehmer, Führer und Hüter zu sein und alle Verantwortlichkeiten zu erfüllen, die ihre Rolle mit sich bringt, einschliesslich derjenigen, sich Intuitionen zu öffnen, den nächsten Schritt zu klären, Risiken einzugehen usw., für alles, was die globale Quelle nicht an ihrer Stelle tun wird. Gleichzeitig ist die Verantwortung der spezifischen Quelle aus Sicht der globalen Quelle *relativ*, da sie dafür verantwortlich ist, dass die Vision und die Werte des Projekts als Ganzes in dem Teil des Bereichs, für den sie verantwortlich ist, respektiert und gefördert werden, indem sie diesen von der globalen Quelle „auferlegten" Rahmen mit ihren eigenen Werten und ihrer eigenen Zukunftsvision für ihren Teil des Bereichs in Einklang bringt. Darüber hinaus ist die Verantwortung der spezifischen Quelle noch relativ in dem Sinne, dass sie ein Mandat von jemand anderem erhalten hat.

Wenn wir die Verantwortung der globalen Quelle betrachten, finden wir seltsam ähnliche Antworten: Aus ihrer Sicht ist sie für *das Gesamte* verantwortlich, also inklusive des Teils, für den die spezifische Quelle verantwortlich ist, zu dem auch ihre Verantwortung in Bezug auf den Rahmen (die Vision und die Werte) hinzugefügt wird, den sie als den des Projekts anerkannt hat. Aus der Sicht der spezifischen Quelle ist die Verantwortung der globalen Quelle jedoch in gewisser Weise *relativ*, da sie, um ihre Verantwortung für das gesamte Projekt wahrzunehmen, auf die Unterstützung spezifischer Quellen angewiesen ist, die ihre Quellen auf der Ebene ihrer Bereiche ausüben; sie ist ausserdem relativ, weil die globale Quelle auch aufgefordert ist, den von ihr selbst festgelegten Rahmen zu respektieren.

Diese unterschiedlichen Blickwinkel werden miteinander in Einklang gebracht, indem man bedenkt, dass die globale Quelle und die spezifischen Quellen beide sowohl einerseits in ihrem eigenen Bereich völlig verantwortlich sind, als auch andererseits voneinander abhängig sind (für Kenner erinnert dies an die „wechselseitige Kausalität von totalen Ursachen"* der antiken und mittelalterlichen Philosophie). Diese gegenseitige Abhängigkeit schmälert in keiner Weise ihre eigene Verantwortung, sondern verbindet sie mit der Verantwortung des anderen. Die globale Quelle befasst sich sowohl mit dem Projekt als Ganzes als auch mit dem Projektrahmen; die spezifische Quelle befasst sich mit einem Feld innerhalb des Projekts; beide tun dies, indem sie jeweils in ihrem eigenen Bereich, entsprechend ihrer besonderen Positionierung im Verhältnis zum Ganzen und ihrer eigenen Abhängigkeit voneinander, die Gesamtverantwortung einer Quellenperson durch die Rolle des Unternehmers, Führers und Hüters vollständig ausüben. Unabhängig davon, ob ich also eine spezifische Quelle oder eine globale Quelle bin, bin ich aufgefordert, meine Verantwortung als Quelle voll wahrzunehmen, da ich weiss, dass sie mit den anderen Quellen verbunden ist.

Diese Quellenverantwortung kann auch durch die Begriffe von „Macht“ und „Autorität“ ausgedrückt werden. Peter Koenig verweist auf die Unterscheidung von Coach Robert Hargrove zwischen Macht, d.h. der Fähigkeit zu handeln, und Autorität, d.h. dem Recht zu handeln. Die Philosophin Myriam Revault d'Allonnes* eröffnet hier eine erhellende Perspektive, indem sie erklärt, dass sich Macht auf *den Raum* bezieht, während Autorität in *die Zeit* eingeschrieben ist. So übt eine Quellenperson volle Macht über den Umfang des Feldes (oder eines Teils davon) und volle Autorität über die Entwicklung dieses Feldes (oder eines Teils davon) im Laufe der Zeit aus.

Heutzutage haben wir manchmal ein Problem mit dem Begriff „Macht“, indem wir denken, dass sie notwendigerweise aus Zwang, Gewaltanwendung, Befehlen und Strafen, Auferlegung eines Willens oder Kontrolle von allem besteht. In einem solchen Verständnis des Wortes „Macht“ können wir den vorherrschenden Platz eines überdimensionalen Egos erahnen: Eine Quellenperson, die ihre „Macht“ auf diese Weise betrachten würde, würde an der Krankheit des Despoten leiden! In Wirklichkeit kann die Macht der Quellenperson ganz anders verstanden werden, nämlich als die volle Fähigkeit, die Energie zu kontrollieren, die notwendig ist, um sich um das Feld (oder einen Teil davon) und seine Zukunft zu kümmern, mit der vollen Legitimität, dies zu tun.

Die Macht der Quellenperson erscheint zur gleichen Zeit, in der ihr Feld geboren wird (oder ein Teil davon ihr übertragen wird). Indem sie dieses Feld erschafft (oder kultiviert), schreibt sie ihre Initiative in den Raum ein und hat die Macht, dieses Feld jederzeit zu erweitern, sowohl in der Breite (unter Berücksichtigung der Umgebung des Feldes) als auch in der Tiefe (unter Entdeckung des Reichtums, den dieses Feld enthält). In diesem letzten Sinne sagt Peter Koenig über die Quellenperson, dass „jedes Gespräch, das sie führt, ihr Feld erweitert": Es erweitert ihr „Bewusstseinsfeld". Die Macht der Quellenperson besteht so lange, wie das Feld des Projekts existiert (oder ihr ein Teil übertragen ist). Niemand kann sie an ihrer Stelle ausüben, weder die spezifische Quelle, die zum Usurpator der Quelle werden würde, noch die globale Quelle, die dann die spezifische Quelle vollständig aus der Verantwortung ziehen würde, was in Wirklichkeit bedeuten würde, dass sie der spezifischen Quelle ihr Mandat entziehen würde.

Die Ausübung der Quellenmacht erfolgt auf zeitlicher Ebene durch *die Autorität* der Quellenperson. Das Wort „Autorität" kommt aus dem Lateinischen „*augere*", was „vermehren" bedeutet. Die Autorität einer Quelle auf ihrem Feld oder einem Teil des Feldes ist daher dazu bestimmt, es zu vergrössern, es zu entwickeln. Die Psychologin Ariane Bilheran* identifiziert drei Hauptfunktionen der Autorität im Allgemeinen, die sich jedoch perfekt mit den Rollen der Quellenperson überschneiden, sowohl spezifisch als auch global:

- eine *Erzeugungsfunktion*, bei der die Autorität *den Ursprung*, die Grundlagen schafft

— was der Initiative der Quellenperson, ihrer Rolle als Unternehmerin und insbesondere der ersten Initiative der globalen Quelle entspricht;

- eine *Konservierungsfunktion*, bei der die Autorität die Einheit mit dem Ursprung sichert und *ihre Identität* schützt — was mit der Rolle der Quellenperson als Hüterin übereinstimmt und sicherstellt, dass die Vision und die Werte respektiert werden;

- eine *Differenzierungsfunktion*, bei der die Autorität den Grundlagen erlaubt, über ihre Identität hinaus zu *einem Projekt* werden zu können, sich so eine Zukunft zu geben — ähnlich der Rolle der Führerin der Quellenperson, deren aufeinanderfolgende Klärung der nächsten Schritte einen Prozess der Entwicklung, der permanenten Evolution nährt.

Wie wir sehen können, sind die Begriffe Autorität und Quelle perfekt aufeinander abgestimmt: Durch die Erfüllung ihrer Quellenrollen übt die Quellenperson ihre Autorität über ihr Projekt, ihre Funktion, ihr Unternehmen, ihr Team oder ihr Haus aus, das sie erschafft, bewahrt und entwickelt und so in die Ebene der Zeit einsetzt. Und durch ihre Autorität übt sie ihre Macht aus, verstanden als ihre volle Fähigkeit und Legitimität, die Energie zu kontrollieren, die notwendig ist, um sich um ihr Projekt, ihre Funktion, ihr Unternehmen usw. zu kümmern. Autorität ist daher viel mehr als ein blosses Attribut der Macht; für die Quellenperson ist sie sozusagen Macht in Aktion.

Dies erklärt, warum die Quellenperson keine Gewalt oder Zwang (die Instrumente des Egos in seinem abwertenden Sinne sind) anwenden muss, um ihre Vision umzusetzen oder die nächsten Schritte einzuhalten. Es genügt, dass sie sich aus der Autorität der Quelle heraus ausdrückt, damit die Projektmitarbeitenden ihr natürlich und frei folgen können: Sie werden die Bedeutung und Relevanz verstehen. Das bedeutet nicht, dass eine Quellenperson niemals ihre Stimme erhebt: Manchmal muss sie klar sagen, wo die Grenzen des Projektrahmens liegen, um diejenigen zu wecken, die es scheinbar vergessen haben... Natürlich ist die Machtausübung durch Autorität nicht immer einfach; denken wir hier noch einmal an den Schieber in Kapitel 3, um ihn in der rechten Mitte zwischen „zu wenig Beteiligung" und „zu viel Ego" zu positionieren.

In diesem Kapitel haben wir festgestellt, dass die Quellenperson die Macht über ihr Projekt hat, indem sie Autorität besitzt, und dass sie durch ihre Autorität in den Rollen der Unternehmerin, Führerin und Hüterin ihre Verantwortung als Quelle wahrnimmt. Wir haben gesehen, wie sich diese Verantwortung auf spezifische Quellen und die globale Quelle verteilt, die aufgrund ihrer gegenseitigen Abhängigkeit natürlicherweise zur Zusammenarbeit und damit zur Koexistenz im Projektkollektiv angeleitet werden. Lassen Sie uns im nächsten Kapitel einen genaueren Blick auf diese Beziehung zwischen Quelle und Kollektiv werfen.

Aber bevor wir weitergehen, stellen Sie sich zuerst diese Frage: Wie werden die Verantwortlichkeiten der Quelle in meinem eigenen Kollektiv verteilt?

Kapitel 5

Die Quelle entwickelt das Kollektiv

DIE globale Quelle erschafft das Kollektiv, indem sie ein Projekt initiiert. Von dem Moment an, in dem sie spezifische Quellen aufnimmt, die ihr helfen, ihre anfängliche Intuition zu verwirklichen, ist das Projektkollektiv geboren. Ebenso schafft in der Natur zunächst eine einzige Quelle, die im Gelände am höchsten gelegen ist, einen Wasserlauf. Um einen Fluss zu bilden, dann einen Strom, verstärken andere Nebenflüsse sie bald. Sie beschliessen, sich diesem Gewässer anzuschliessen, weil es in die für sie passende Richtung geht. Die Wassermoleküle der Nebenflüsse ändern sich nicht, wenn sie im Gewässer ankommen, sondern vermischen sich mit den bereits vorhandenen Molekülen, um gemeinsam die lange Reise zum Meer zu beginnen.

Das Gleiche gilt für unsere Projekte und menschlichen Unternehmungen: Die globale

Quelle initiiert das Kollektiv des Projekts, indem sie andere Personen einlädt, denen sie eine Verantwortung als spezifische Quelle überträgt, damit diese ihr helfen, unter Berücksichtigung ihrer Werte ihre Vision zu verwirklichen. Spezifische Quellen schliessen sich dem Projekt an, weil sie das Gefühl haben, dass es zur Verwirklichung ihrer eigenen Vision beiträgt und ihren persönlichen Werten entspricht.

Schliesslich nimmt jede Quelle, global und spezifisch, am Projekt und damit *am Kollektiv* teil, weil die Aktivität und der Zweck dieses Kollektivs (entsprechend dem „Weg" und dem „Ziel" von Kapitel 2) ihrer eigenen Vision und ihren persönlichen Werten entsprechen. Dies gilt in hohem Masse für die globale Quelle, die der Initiative ihre eigenen Werte und Vision gegeben hat; es gilt auch für die spezifische Quelle, die im Projekt eine Möglichkeit erkennt, ihre eigenen Werte auszudrücken (die mit denen des Projekts in Einklang stehen) und zumindest teilweise ihre eigene persönliche Vision zu verwirklichen, ohne die Vision und die Werte des Projekts weniger zu fördern.

Ebenso trägt jede Quelle, ob spezifisch oder global, zur Entwicklung des Projekts und damit auch des Kollektivs im Laufe der Zeit bei, je nach ihrer besonderen Mission. Für die spezifische Quelle lässt sich dies anwenden, indem sie den Teil des Feldes, für den sie zuständig ist, entwickelt, indem sie sich zusätzlich zu ihren eigenen Intuitionen auf den Rat ihrer Kollegen stützt, um die nächsten Schritte zu klären, die die Phasen dieser Entwicklung darstellen werden, und indem sie, wo immer möglich, Synergien mit den Entwicklungsinitiativen ihrer Kollegen fördert. Die globale Quelle hingegen entwickelt das Kollektiv, indem sie neue Mitglieder anzieht (oder diejenigen willkommen heisst, die spontan dazu stossen), um sie zu spezifischen Quellen zu machen, indem sie Synergien zwischen ihnen fördert, indem sie das Kollektiv während des Prozesses der Klärung der nächsten Schritte befragt und indem sie rechtzeitig und konsequent an die Vision und die Werte des Projekts zur Stärkung der kollektiven Kultur erinnert. Es ist wichtig, sich klar zu machen, dass sich die globale Quelle auf ein einziges Ziel fokussiert, nämlich die Realisierung ihres Projekts: Sie konzentriert den grössten Teil ihrer Energie darauf. Das Kollektiv ist für sie kein Selbstzweck, sondern ein unverzichtbares Mittel, um dieses Ziel zu erreichen. Was sie motiviert, sich um die Entwicklung des Kollektivs zu kümmern, ist *das Projekt*.

Als ich 2001 Ordinata gründete, waren wir zwei Partner und blieben zwei für mehr als 12 Jahre. In meiner ersten Vision hatte ich mir intuitiv jedoch ein grösseres Team und sogar mehrere Teams vorgestellt. Als meine Partnerin beschloss, einen anderen Weg einzuschlagen, sah ich die Möglichkeit, ein neues Kollektiv um die Vision und die Werte von Ordinata herum zu gründen. Zu meiner grossen Überraschung reichte es aus, diese Absicht in mir selbst zu klären, und die Kandidaten und Kandidatinnen strömten hinzu. Einige Jahre später wurden wir sogar zwei Teams, ein französischsprachiges und ein deutschsprachiges.... Zwar habe ich als globale Quelle diese beiden Kollektive geschaffen, aber die spezifischen Quellen haben ihren Teil zu dieser Entwicklung beigetragen, indem sie aktiv an der Verbesserung unserer Dienstleistungen und der Konsolidierung unserer funktionellen Abläufe mitgewirkt haben, insbesondere in unseren regelmässigen internen Workshops.

Immer mehr globale Quellen erkennen in der „Partizipationsdynamik“ einen privilegierten Weg, das Kollektiv ihres Projekts zu entwickeln und führen es in ihrer Organisation ein. Diese Management- und Governance-Methode ist das Ergebnis einer intensiven Zusammenarbeit zwischen Martine Marenne, in Belgien (www.dynamiqueparticipative.be) und mir, in der Schweiz, sowie unserer jeweiligen Teams. Ordinata, ebenso wie ihre belgischen Partner, unterstützt viele Institutionen und schult zahlreiche Menschen in der Anwendung dieser innovativen Praxis. Unter Partizipationsdynamik verstehen wir eine Kunst, die darauf abzielt, die Entstehung kollektiver Intelligenz, Zusammenarbeit und Synergie innerhalb eines Kollektivs und zwischen diesem Kollektiv und seiner Umgebung durch den Einsatz einer Reihe von Instrumenten und Methoden zu fördern. Es ist *die Kunst des „Wir“*, die die Integration der Mitarbeitenden fördert, deren Adhärenz an Zielsetzungen festigt, Innovationen stimuliert, die Flexibilität und Relevanz von Handlungen erhöht, das Kollektiv agil macht, Synergien zwischen seinen Mitgliedern entwickelt und deren Ausrichtung auf die Vision und Werte des Projekts verstärkt. Jedes Mitglied eines Kollektivs, das in Partizipationsdynamik operiert, erhält die Möglichkeit, seinen Standpunkt zu dem, was vital ist, darzulegen und Verbesserungsvorschläge zu unterbreiten: Es ist kollektive Intelligenz in Aktion. Die Partizipationsdynamik stellt auch eine gewisse Anforderung dar, indem sie neben dem Know-how auch die zwischenmenschlichen Fähigkeiten jedes Einzelnen zu fördern sucht.

In den Kollektiven, die sie eingeführt haben, wird die Partizipationsdynamik zu einer gemeinsamen Sprache, die es allen ermöglicht, sich auszudrücken und etwas beizutragen. Wenn das Kollektiv in der Lage war, diese Form der Dynamik anzunehmen, dann deshalb, weil sie der Vision und den Werten der Quellenperson entsprach. Frédéric Laloux befragte in seinem Buch *Reinventing Organizations*, das viele Manager bei der Suche nach neuen Formen der Geschäftsführung inspirierte, Gründer von Unternehmen oder Gemeinschaften, die alle eine globale Quelle ihrer eigenen Initiative waren. Diese Pioniere der Organisationen tauschten die traditionelle Hierarchie gegen Modelle einer partizipativeren Governance, gerade weil dies mit ihren Werten und ihrer Vision übereinstimmte. Entfernen Sie die globale Quelle aus diesen Initiativen, verliert die von ihnen eingeführte partizipative Dimension ihre Grundlage und Legitimität. So wie sie das Kollektiv schafft, schafft die globale Quelle die Partizipationsdynamik des Kollektivs. Erst dann wird diese Dynamik zum Anliegen aller Quellen des Kollektivs, die sie nach und nach in die Teams einführen werden. Zusammen teilen sich globale und spezifische Quellen ihre Quellenverantwortung, indem sie die Verantwortung über das Kollektiv teilen.

In einer sozialen Einrichtung unter unseren Kunden, die sich um Kinder und Jugendliche kümmert, wurden mehrere autonome Einheiten zu einer grossen Stiftung mit rund 150 Mitarbeitenden zusammengefasst. Die globale Quelle dieser neuen Gemeinschaft hatte die Intuition, dass es notwendig war, diesem Kollektiv eine Partizipationsdynamik zu verleihen, um ihm zu helfen, Eigenheiten zu überwinden und eine einzige Organisation zu werden. Zuerst schulte sie sich selbst in Partizipationsdynamik, dann organisierte sie die Ausbildung ihrer engsten spezifischen Quellen, der Abteilungsleiter. Diese begannen dann, ihre Teams für diese Sprache zu sensibilisieren und mit neuen Entscheidungs- und Problemlösungsprozessen zu experimentieren. Parallel hat die globale Quelle ein „strategisches Kollegium" geschaffen, in dem rund dreissig Mitarbeitende und Führungskräfte regelmässig über die wichtigsten Themen nachdenken und gemeinsam strategische Entscheidungen treffen, die die Zukunft des ganzen Unternehmens betreffen. Einige Jahre später luden die acht Mitglieder des Managementteams sieben Mitarbeitende, eine Person aus jeder Abteilung, ein, sich dem Managementteam anzuschliessen, um wichtige Entscheidungen zu treffen, dies mit dem Ziel, die Wirkung in Bezug auf kollektive Intelligenz und die Mischung von Hierarchieebenen zu erhöhen. Alle drei Jahre erneuern dieses strategische Kollegium und das Management ihre kooperierenden Mitglieder, so dass im Laufe der Zeit alle spezifischen Quellen auf die eine oder andere Weise an der Leitung der Stiftung partizipativ beteiligt gewesen sind, ganz zu schweigen von der täglichen Erfahrung, die sie in ihren eigenen Teams und Abteilungen gesammelt haben. Nach und nach wird so die Partizipationsdynamik zu ihrer gemeinsamen Sprache, die die Quellen des Kollektivs suchen, um sich aufeinander abzustimmen und so gemeinsam der Vision ihres Projekts entgegenzuschreiten.

Die Partizipationsdynamik bietet den Personen, unabhängig davon, wo sie sich im Projektfeld befinden, immer noch einen guten Dienst, indem sie ihnen hilft, ihre Zweifel an den nächsten Schritten in ihrem Verantwortungsbereich auszuräumen. Der Input anderer Mitglieder des Kollektivs, die Fragen, Einwände und Vorschläge, insbesondere während des zentralen Prozesses des „Konsentbeschlusses“, vorbringen, können für eine Quellenperson, die versucht, ihren nächsten Schritt zu klären, entscheidend sein; dieser Prozess ist eine konkrete und sehr effektive Umsetzung des in Kapitel 2 vorgestellten Dialogs.

Zwei Prinzipien bestimmen das Funktionieren des Kollektivs, das eine Partizipationsdynamik angenommen hat: das „ Äquivalenzprinzip“ und das „Primatsprinzip“. Sie zeigen auf einzigartige Weise, wie wichtig die Quellenperson für die Förderung und Gewährleistung einer partizipativen Unternehmensführung und damit für die Betreuung des Kollektivs ist.

- *Das Äquivalenzprinzip* (vom Lateinischen „*aequivalens*“: „Gleichwertigkeit“) erkennt jedem Akteur den gleichen Wert und eine gleichwertige Kraft zur Einflussnahme auf die vitalen Entscheidungen des Kollektivs an. Dieses Prinzip legt die grundlegende Gleichwertigkeit aller Menschen fest, ob sie nun spezifische Quellen, globale Quellen oder sich noch gar nicht bewusste Quelle von etwas sind: Alle haben die Möglichkeit, zu einer Quelle und zum Urheber eines Vorschlags zu werden. Die Partizipationsdynamik bedient sich dieses Prinzips, wenn sie Entscheidungssitzungen im Kreis organisiert, um die Gleichwertigkeit aller durch den gleichen Abstand jeder Person zum Zentrum zu symbolisieren, wo die Vorschläge, über die eine Entscheidung getroffen werden soll, niedergelegt werden.

- *Das Primatsprinzip* („*Primat*“ im Sinne von „Vorrang“) erkennt der globalen Quelle einen besonderen Platz im Kollektiv an, wegen ihrer Macht und Autorität über das Projekt und ihrer besonderen Verantwortung für Vision und Werte. Die globale Quelle garantiert die Entstehung, Identität und Entwicklung des Projekts und damit auch des Kollektivs; ihr „Primat“ besteht in der Anerkennung ihrer einzigartigen Rolle im Dienst des Projekts durch alle, einschliesslich sich selbst. In der Partizipationsdynamik ist ihr nicht erlaubt, in willkürlicher und launischer Art „das Gesetz zu diktieren“, sondern das Kollektiv vom Licht ihrer Intuitionen profitieren zu lassen, die Richtung der Vision des Projekts zu zeigen, sich dafür einzusetzen, dass Werte und Rahmenbedingungen respektiert werden und ihrer mit der Autorität bestückten Stimme Gehör zu verschaffen, sowohl durch ihre Ermutigungen als auch durch ihre Einwände und den Ausdruck ihrer Klarheit über den nächsten Schritt.

Bei einem Konsentbeschluss erhält die globale Quelle Unterstützung durch die spezifischen Quellen zur Klärung des nächsten Schrittes: Der Entscheidungsprozess geht so lange weiter, bis der nächste Schritt vollständig geklärt ist, insbesondere durch Fragen, Einwände und Vorschläge der spezifischen Quellen gemäss dem Äquivalenzprinzip. Die Entscheidung wird nur getroffen, wenn die globale Quelle über den nächsten Schritt zu 100% klar ist. Es genügt dann, wenn sie diese Klarheit mit anderen teilt, so dass diese freiwillig zustimmen und instinktiv das Primatsprinzip respektieren, auch wenn einige noch Zweifel haben mögen: sie vertrauen der globalen Quelle. Daher ist der entscheidende Faktor für den Erfolg eines Konsensbeschlusses *die Klarheit* der globalen Quelle, während das wichtigste kollektive Mittel, um diese Klarheit zu erreichen, in den Beiträgen spezifischer Quellen während des Prozesses besteht.

Das Äquivalenzprinzip und das Primatsprinzip ergänzen sich gegenseitig, um es dem Kollektiv zu ermöglichen, ein optimales Gleichgewicht zwischen den verschiedenen Verantwortlichkeiten der Quellen, global und spezifisch, herzustellen. Entfernt man das Prinzip der Gleichwertigkeit, fällt man zurück in ein demotivierendes Kollektiv „altmodischer" hierarchischer Stile; entfernt man das Prinzip des Primats, verkümmert das Kollektiv, weil es notwendige Entscheidungen nicht mehr fällt: Wenn es das Bewusstsein für die essentielle Rolle der globalen Quelle verloren hat, ist es nicht mehr mit der Klarheit der Quelle verbunden und profitiert nicht mehr von ihrer Arbeit als Unternehmerin, Führerin und Hüterin. Die Partizipationsdynamik, die jeder Quelle im Konzert des Kollektivs eine Stimme gibt, basiert auf der gemeinsamen und gleichzeitigen Ausübung dieser beiden Prinzipien, ohne die die Kunst des „Wir" ein toter Buchstabe bleiben würde.

Wie werden die Prinzipien der Äquivalenz und des Primats in Ihrem Kollektiv gelebt? Welche Initiativen könnten Sie ergreifen, um das Kollektiv Ihres Projekts zu entwickeln?

Bevor wir weitergehen, noch ein paar Worte zu einem sehr speziellen, aber sehr weit verbreiteten Kollektiv, dem, das zu zweit lebt: Ich meine die Beziehung eines Paares. Peter

Koenig stellt fest, dass die Beziehung zwischen zwei Menschen nicht dem Prinzip der Rollenverteilung zwischen einer globalen Quelle und einer bestimmten Quelle entkommt: Eine der beiden Personen ist die Quelle *der Beziehung*, d.h. sie hat die Initiative und das erste Risiko ergriffen, während die andere positiv auf ihre Einladung zur Aufnahme einer Beziehung reagiert hat. Dies macht die eine zur globalen Quelle und die andere zur spezifischen Quelle ihrer Beziehung. Es ist wichtig, sich dessen bewusst zu werden, um zu wissen, wo die Verantwortung beider Personen liegt. Wenn ich das in eine philosophische Sprache übersetzen würde, würde ich sagen, dass die beiden Menschen die gleiche Beziehung teilen, wobei die globale Quelle *das Prinzipium (der Anfang)* ist, und die spezifische Quelle *das Terminum (die Vollendung)*, ähnlich wie eine Bahnlinie mit einem Kopf- und einem Endbahnhof, wobei die Beziehung der Zug selbst ist, der ständig von einem zum anderen fährt.

Die globale Quelle der Beziehung zu sein, ist daher nicht besser oder höherwertig als die spezifische Quelle zu sein. Für jene geht es darum, im Besonderen auf die Entwicklung der Beziehung *als solche* durch die Klärung der nächsten Schritte zu achten, und für diese, dazu beizutragen, indem die verschiedenen Teile der Beziehung, für die sie die Verantwortung übernommen hat, in Bewegung bringt, zum Beispiel (aber es ist nicht einfach, Beispiele zu benennen, da es für jedes Paar unterschiedlich ist), indem sie Zeiten zum persönlichen Austausch organisiert, gemeinsame Aktivitäten wählt oder bestimmte Gesprächsthemen anspricht. Die Beiträge der spezifischen Quelle im Bereich der Beziehung sind oft entscheidend, im Besonderen, wenn die globale Quelle an einer der oben beschriebenen Pathologien leidet...

Um eine Beziehung lebendig und erfolgreich zu gestalten, ist es gut, wenn man zu zweit ist!

Darüber hinaus kann die spezifische Quelle der Beziehung eine globale Quelle vieler anderer Dimensionen des gemeinsamen Lebens sein: Quelle des Wohnens, zum Beispiel, oder der Verwaltung und Finanzen, Quelle einer gemeinsamen Aktivität, wie der nächste Urlaub oder das Joggen am Samstag, Quelle des Gartens oder des Haushalts, der Einkäufe oder des Heimwerkens, Quelle der spirituellen Erneuerung des Paares, Quelle der Ankunft eines Kindes… Wo immer einer von ihnen die Initiative und damit auch ein Risiko übernimmt, wird er oder sie automatisch zu einer globalen Quelle dieser Initiative und bietet dem anderen, wenn er sie annimmt, die Rolle einer spezifischen Quelle.

Wer ist jeweils eine globale Quelle oder eine spezifische Quelle in Ihrer Beziehung? Es ist durchaus interessant, die einzigartige Verteilung der Quellen zu zweit zu besprechen; das Sich-dessen-Bewusstwerden in diesem Bereich hilft, Eigenverantwortung und Synergien im Zwei-Personen-Kollektiv zu entwickeln. Dies ist ein grossartiger Ort, um Quellenfähigkeiten zu „trainieren"!

Kapitel 6

Die Quelle im Anderen erkennen

WIR haben in den vorangegangenen Kapiteln gesehen, wie die Quellenverantwortung zwischen der globalen Quelle und den spezifischen Quellen geteilt wird, ohne sie zu reduzieren, und auf welcher Grundlage die Quellenpersonen das Kollektiv entwickeln, um gemeinsam an der Umsetzung ihres Projekts zu wirken. Um dieses Bild der Quellenteilung zu vervollständigen, möchte ich in diesem Kapitel die Zusammenarbeit zwischen den Quellenpersonen eines Projekts untersuchen, insbesondere aus der Perspektive einer Grundhaltung, die sich als unabdingbare Voraussetzung erweist: die Anerkennung.

Die Anerkennung der Quelle des anderen scheint der Schlüssel zur Pflege fruchtbarer Beziehungen zwischen Quellenpersonen zu sein, d.h. Beziehungen, die sowohl nährend für die betroffenen Personen als auch vollständig im Dienste des Gelingens des gemeinsamen Projekts stehen. Als wir die Krankheit der „Quellenverleugnung“ des Ignoranten angesprochen haben (siehe Kapitel 3), sind wir uns bereits bewusst geworden, wie wichtig es für die Quellenperson selbst und für den Erfolg seiner Initiative ist, *sich selbst* als Quelle zu erkennen; hier werden wir verstehen, dass es ebenso wichtig ist, die Quelle *des anderen* zu erkennen.

Zunächst sei darauf hingewiesen, dass es nicht immer einfach ist, sich vor anderen als Quelle einer Initiative zu bekennen; z.B. kann ich den Blick anderer fürchten, Angst davor haben, „auf die Bühne zu treten“, oder will ich den Eindruck nicht erwecken, mich hervorzutun. Wenn ich meine Befürchtungen überwinde und meinen Status als Quelle eines Projekts, eines Unternehmens oder einer Funktion offen anerkenne, erkennen die Menschen, die mit mir zusammenarbeiten, ganz natürlich meine Quelle und setzen sich in Bewegung, um mich zu unterstützen, meine Initiative zu verwirklichen… Das ist der primäre Effekt der Anerkennung: die Freisetzung der Energie.

Manchmal weigere ich mich jedoch, die Quelle des anderen zu erkennen; die extreme Version dieser Haltung ist der Quellenusurpator, über den wir weiter oben gesprochen haben. Es gibt aber eine Vielzahl anderer subtilerer Ablehnungen, wie z.B. die Nichtanerkennung des Ursprungs einer Idee, die ich mir angeeignet habe, oder die Nichtanerkennung der Urheberschaft einer Leistung, die ich als die meine präsentiere, oder die Verwendung von Software, ohne die Urheberrechtslizenz zu bezahlen. Doch die Nichtanerkennung der Quelle wandelt sich wie ein Bumerang gegen ihren Autor, erklärt Peter Koenig: Sie blockiert die Energie der eigenen Initiative, des Projekts, für das er versucht hat, jemand anderen um ein Stück der Quelle zu „berauben". Letztendlich kommt ihm das Verbrechen kaum zugute! Ausserdem wird der „Dieb" nicht der Einzige sein, der leidet, seine Einstellung wird negative Auswirkungen für alle Beteiligten haben, insbesondere für die „bestohlene" Quellenperson, der sie Unrecht tut. So verursacht „Quellendiebstahl" unzählige Leiden und Konflikte in unseren Organisationen. Gleichzeitig sollten wir daran erinnern, dass es unmöglich ist, jemandem wirklich die Quelle zu stehlen, da die Rolle der Quelle unveräusserlich ist. Wenn ich der Initiator von etwas bin, bin ich die Quelle, Punkt. Die ganze Welt könnte das Gegenteil behaupten, und doch würde es nichts an dieser Tatsache ändern.

Lassen Sie uns diesen Zusammenhang zwischen Anerkennung und Energie an einem konkreten Beispiel bezüglich dieses Buches veranschaulichen. Hätte ich es geschrieben, ohne mich ausdrücklich auf Peter Koenig als „Gründervater" der Quellenprinzipien zu beziehen, hätte es mir neben einer schweren Ungerechtigkeit und einer Form von Plagiat kein Glück gebracht. Mein Schreibprojekt wäre vielleicht gar nicht erst gelungen oder die Leser und Leserinnen hätten, weil sie das Gefühl hätten, dass etwas nicht ganz in Einklang ist, Schwierigkeiten gehabt, sich die Quellenprinzipien anzueignen Dies hätte sich sowohl auf die Verbreitung dieser Prinzipien als auch auf die Motivation einiger Leser, eine Ausbildung oder eine persönliche Begleitung bei einem der Spezialisten auf diesem Gebiet durchzuführen, negativ ausgewirkt... Da mir aber von Anfang an klar war, dass ein Buch über die Quelle demjenigen Tribut zollen sollte, der der Erfinder des Vokabulars ist und der zuerst diese Prinzipien erforschte, fragte ich Peter Koenig, ob er akzeptieren würde, „das letzte Wort“ dieses Buches, das Schlusswort zu schreiben. Die Energie, die diese Anerkennung der Quelle meinem Projekt gegeben hat, noch bevor das Buch geschrieben wurde, ist phänomenal, das kann ich bezeugen: Es hat das Schreiben stark erleichtert: alles war schnell in meinem Kopf organisiert und die Worte dafür flogen mir wie durch Magie zu. Seit ich anfing, es zu schreiben, habe ich mich von Peter Koenigs eigener Energie „mitgerissen“ gefühlt, um die Verbreitung der Quellenprinzipien voranzutreiben.

Hier gibt es ein interessantes Paradoxon: Auf den ersten Blick mag das Erkennen der Melodie des anderen meine eigene Partitur schwächen und trüben, aber in Wirklichkeit erhöht und verschönert es mein Lied, das dann zur Polyphonie wird.

Welche konkreten Formen kann die Anerkennung der Quelle anderer bei einer globalen Quelle annehmen? Erstens stellt die globale Quelle sicher, dass die Mandate, die sie den in ihrem Feld tätigen Personen erteilt, echte Mandate als spezifische Quellen sind, d.h. eindeutig mit der entsprechenden Macht und Autorität ausgestattet sind, so dass sie wirklich Verantwortung für den ihnen anvertrauten Teil des Felds übernehmen können. Zugegebenermassen ist die Beauftragung von jemandem ein Prozess, der vorbereitet werden muss und nicht unbedingt an einem Tag durchgeführt wird, aber es ist zwingend erforderlich, dass die spezifische Quelle in ihrer Rolle als Quelle von der globalen Quelle anerkannt wird; wie würden ihre Kollegen oder Mitarbeitenden sie andernfalls wiederum anerkennen?

Die globale Quelle eines Projekts erfüllt eine weitere wichtige Form der Anerkennung, wenn sie die spezifische Quelle als *globale Quelle* einer Initiative innerhalb des Projekts anerkennt. Nehmen wir ein Beispiel. Evelin, eine junge Sekretärin in der Verwaltung eines Staatsdienstes, hat die Intuition, die vielen Akten, die im Dienst zirkulieren, effizienter zu klassifizieren und besser an die Prozesse ihrer Kollegen anzupassen. Sie präsentiert ihre Idee der globalen Quelle der Behörde, Markus, welcher sie schnell genehmigt, denn die Idee passt perfekt zu seiner Vision der Entwicklung des Dienstes, weil sie die Werte „Effizienz" und „Zusammenarbeit" verbessert. Markus bittet daher Evelin, das Klassifikationsprojekt durchzuführen, und informiert alle Mitarbeitenden, indem er sie auffordert, sich bei allen Fragen und Problematiken, die dieses neue Projekt betreffen, direkt an sie zu wenden. Indem er dies tut, erkennt er vor allen Mitarbeitenden die globale Quelle von Evelin als solche an sowie ihre Macht und Autorität über dieses Projekt.

In unserem Beispiel hätte Markus es dabei belassen können, aber er beschliesst, noch einen Schritt weiter zu gehen, um Evelin in ihrem Klassifizierungsprojekt zu unterstützen und durch seine Aktionen zu unterstreichen, dass er sie als globale Quelle anerkennt: Er sagt ihr, dass sie auf seine Hilfe zählen kann, sollte sie sie brauchen. Mit anderen Worten, er bietet sich als *spezifische Quelle* für das Projekt an, für das Evelin die globale Quelle ist.

Die Initiative von Evelin beinhaltet die Entwicklung eines Projekts im Inneren des Feldes der globalen Quelle der staatlichen Behörde (d.h. im Feld von Markus). Es kann auch vorkommen, erklärt Peter Koenig, dass die Initiative einer bestimmten Quelle darauf abzielt, ein

Projekt ausserhalb eines Feldes durchzuführen. Stellen wir uns vor, dass Evelin durch ihre innovative Erfahrung im Bereich der Klassifizierung so motiviert ist, dass sie die Idee hat, diese Aktivität so zu entwickeln, dass sie sie auch anderen Staatsdiensten vorschlagen kann, die tatsächlich ausserhalb von Markus globalem Feld liegen. Mit der Begrüssung dieses Projekts, von dem Evelin eindeutig die globale Quelle ist, stellt sich Markus nicht nur als spezifische Quelle in ihren Dienst (insbesondere durch die Werbung für diesen neuen Dienst bei seinen Behördenleiterkollegen), es führt dazu, dass Evelins Projekt das Feld der globalen Quelle von Markus vergrössert, da es von nun an auch einen staatsweiten Archivierungsdienst beinhaltet. Viele Unternehmensausdehnungen haben auf diese Weise stattgefunden.

Die Zusammenarbeit der Mitglieder eines Kollektivs wird durch einen Rollentausch, bei dem die spezifische Quelle zu einer globalen Quelle wird und umgekehrt, wesentlich flüssiger. Sich in den Dienst von Projekten anderer zu stellen, ist zum Nutzen aller. Das einfache Anerkennen der Rolle des anderen als Quelle bringt Energie, nicht nur in meine eigene Aktivität, sondern auch in die des anderen. Darüber hinaus werden die manchmal als zu streng empfundenen Grenzen zwischen der Rolle der spezifischen Quelle und der der globalen Quelle — ihre Unterscheidung bleibt völlig relevant und notwendig — vorteilhaft relativiert durch die Erkenntnis, dass jeder bald als globale Quelle, bald als spezifische Quelle herangezogen werden kann. Je mehr wir die Flexibilität erlangen, schnell von einer Rolle zur anderen zu wechseln, desto besser gelingt es uns, Synergien zum Nutzen der Realisierung unserer Projekte zu entwickeln.

Bisher habe ich meine Analyse auf die Anerkennung der spezifischen Quelle durch die globale Quelle konzentriert. Das Gleiche gilt jedoch für die gegenseitige Anerkennung zweier spezifischer Quellen, entweder als eine spezifische Quelle, die für einen Teil des Projektfeldes verantwortlich ist, oder in ihrer Rolle als globale Quelle einer bestimmten Initiative. Ihre Haltung des Respekts, des Wohlwollens und der Aufrichtigkeit, die sich in der Anerkennung der Verantwortung des anderen widerspiegelt, kann ihrer Beziehung nur guttun, was sich sicherlich positiv auf das gemeinsame Projekt auswirken wird.

Da wir über Beziehungen sprechen, dürfen wir nicht vergessen, dass nach den Beobachtungen von Peter Koenig (siehe Kapitel 5) jede Beziehung zwischen zwei Menschen ihre globale Quelle in der Person hat, die den ersten Schritt gemacht hat und das erste Risiko eingegangen ist. Im Laufe der Zeit können neue Initiativen zu einer differenzierten Verteilung der globalen und spezifischen Quellenrollen zwischen diesen beiden Personen führen, wobei jede wiederum entweder globale oder spezifische Quelle für Projekte, die in ihrer Beziehung entstehen, ist. Das Erkennen der Quelle des anderen, aber auch seiner eigenen, klärt, wer für was verantwortlich ist, was die Beziehung stabiler und harmonischer macht. Eines Tages beschwerte sich zum Beispiel einer meiner Söhne darüber, dass er immer einen Freund auffordern müsse, um das nächste Treffen zu organisieren. Er war darüber ein wenig müde geworden und spielte mit dem Gedanken, eine Weile lang keine Initiative mehr zu ergreifen, um zu sehen, was passieren würde. Als er darüber nachdachte, wurde ihm klar, dass er die globale

Quelle dieser Freundschaft war und dass ihm daher die Verantwortung für die „nächsten Schritte“ (einschliesslich der Einladung zum Wiedersehen) in vollem Umfang zufiel, was sein Freund in aller Logik durch seine abwartende Haltung implizit „anerkannte“. Das Bewusstsein dafür hat ihm geholfen, sich mit seiner Verantwortung zu versöhnen.

Die Zusammenarbeit zwischen den Quellen desselben Projekts, Unternehmens, Teams oder derselben Beziehung intensiviert sich durch die gegenseitige Anerkennung, wie wir gerade gesehen haben. Diese Zusammenarbeit ist jedoch kein Selbstzweck; sie kann nicht immer möglich oder sogar wünschenswert sein, und das sollte gegebenenfalls auch anerkannt werden. So muss die globale Quelle bei einer spezifischen Quelle eingreifen, die von der Vision abweicht oder die Werte nicht mehr respektiert, dies ist Teil ihrer Rolle als Hüterin. Wenn diese Inkompatibilität mit dem Rahmen des Projekts trotzdem andauern sollte, kann die globale Quelle der spezifischen Quelle das Mandat entziehen und sie bitten, das Projekt zu verlassen. Umgekehrt, wenn eine spezifische Quelle die Überzeugung gewinnt, dass die Entwicklung des Projekts, an dem sie teilnimmt, es ihr nicht mehr erlaubt, ihre eigene Vision und ihre persönlichen Werte zu kultivieren, muss sie die Konsequenzen ziehen und das Projekt verlassen, um sich einem anderen anzuschliessen (oder eines zu erschaffen!), das besser zu ihren persönlichen Ambitionen passt. In beiden Fällen wird die vollständige Anerkennung dessen, was ist, es dem Projekt oder der Person, die es verlässt, ermöglichen, Energie und Dynamik zurückzugewinnen, um voranzukommen.

Eine weitere wichtige Dimension der Anerkennung ist jene, welche die Quelle, global oder spezifisch, dem Kollektiv ihres Projekts widmet. „Eine Quelle muss die Gaben ehren, die das Kollektiv ihr gibt! Sie wird daher den Menschen, die an dem Projekt arbeiten, zum Ausdruck bringen, wie wichtig es ist, dass sie da sind", sagte Martine Marenne in einer unserer Diskussionen über die Quellenprinzipien. Ohne dieses „Wir" hätte das Projekt nie seinen jetzigen Entwicklungsstand erreicht. Damit soll nicht nur der Beitrag aller im Projektfeld zusammenarbeitenden Personen zur Verwirklichung der Vision des Projekts und zur Kultivierung seiner Werte gewürdigt werden, sondern auch die Unterstützung, die die Projektquellen in ihrer Rolle als Führerinnen vom Kollektiv erhalten. Durch den Dialog mit anderen kann jede Quelle, die das Kollektiv darum ersucht, wertvolle Hilfe bei der Klärung des nächsten Schrittes erhalten. Diese Hilfe ist nicht nur die Summe der individuellen Beiträge jedes einzelnen Teilnehmers, sondern auch das Ergebnis ihrer gemeinsamen Überlegung. Es ist die Resonanz zwischen den Individuen, die kollektive Intelligenz erzeugt; das Kollektiv wird der Inkubator, der fruchtbare Boden, aus dem die Klarheit hervorgehen kann. Peter Koenig warnt jedoch davor, die kollektive Intelligenz zu einer „Entität" zu machen, die eine Existenz aus sich selbst habe! Kollektive Intelligenz ist eine im Wesentlichen dynamische Realität, eine Qualität, die aus dem simultanen Austausch der Mitglieder des Kollektivs erzeugt und daher immer wieder neu geschaffen werden muss. Wenn jedes Mitglied des Kollektivs von seiner eigenen Quelle aus reflektiert und handelt, entsteht kollektive Intelligenz und wird zur Synergie. Wenn ich eine solche Unterstützung vom Kollektiv erhalte, muss ich eine „empfangende"

Haltung annehmen und nicht eine des „Nehmens", denn eine Quelle, ob global oder spezifisch, bedient sich nicht des Kollektivs (das wäre ein egozentrischer Missbrauch!), sondern sie dient dem Projekt, in Zusammenarbeit mit den anderen Mitgliedern des Kollektivs. Es ist übrigens diese Haltung des Empfangens dessen, was einander angeboten wird, die alle motiviert, etwas beizutragen.

Möge all dies ausreichen, um uns davon zu überzeugen, dass die gegenseitige Anerkennung aller Quellen für eine gute Zusammenarbeit innerhalb unserer Kollektive unerlässlich ist! Wir haben gesehen, dass seine Auswirkungen signifikant sind: Die Anerkennung erhöht die Energie, die Projekten und Menschen zur Verfügung steht, sie fördert Synergien, das „Zusammenwirken" zwischen den Beteiligten, sie stärkt die menschlichen Beziehungen und klärt Grenzsituationen, sie ermöglicht es sogar, die Grösse der Quellenfelder oberflächlich und tiefgründig zu erweitern. Die Quellen-Anerkennung ist ein Vektor für die Entwicklung von Projekten, Individuen und dem Kollektiv, der so mächtig ist, dass wir ihr bei Ordinata die meiste Zeit der „Quellenentwicklungsgespräche" (sie haben die üblichen jährlichen Bewertungsgespräche ersetzt) mit unseren Partnern widmen. Dann stellen wir Fragen wie: Wofür bin ich eine Quelle in unserem Unternehmen? Wofür möchte ich eine Quelle werden? Wie entwickle ich meine Quelle? Wie kann ich anderen helfen, ihre eigenen zu entwickeln? Und so weiter und so fort. Das in diesen Gesprächen zum Ausdruck gebrachte Bewusstsein und die gegenseitige Anerkennung verstärken unsere persönliche Motivation und unseren Wunsch nach

Zusammenarbeit. Unnötig zu sagen, dass wir beide aus diesen Begegnungen jeweils mit Enthusiasmus hervorgehen!

Welche Schwierigkeiten bei der Quellenanerkennung sind Ihnen in Ihrem Unternehmen oder Projekt aufgefallen? Welche Quelle könnten Sie bei einem bestimmten Mitarbeiter oder Kollegen expliziter anerkennen? Was ist mit ihrem Ehepartner?

Dritter Teil

DIE QUELLE ÜBERTRAGEN

Kapitel 7

Weitergeben, wenn die Zeit gekommen ist

LAUT dem Buch Kohelet, dieser Sammlung von Weisheit, die man genau in der Mitte der Bücher des Alten Testaments findet, „hat alles seine Stunde und für jedes Geschehen unter dem Himmel gibt es eine bestimmte Zeit" (Koh 3, 1). Ich dachte darüber nach, als Martine Marenne, meine belgische Partnerin und globale Quelle der Methode der Partizipationsdynamik, die drei grossen Bewegungen der Quellenperson wie folgt zusammenfasste: „Es gibt eine Zeit, in der du empfängst, eine Zeit, in der du das, was du empfangen hast, transformierst und eine Zeit, in der du übergibst". Nachdem wir in den vorangegangenen Kapiteln den Empfang und dann die geteilte Umsetzung der Quelle vertieft haben, stehen wir nun vor dieser dritten und letzten Etappe, die der Weitergabe. Ich schlage vor, dass Sie die Weitergabe unter drei Aspekten betrachten, seiner Bedeutung, seines

Prozesses und seiner Ausstrahlung. Also denken wir zunächst darüber nach, was es bedeutet, die Quelle zu übertragen (wir werden dies im Verlauf dieses Kapitels tun), werfen dann einen Blick auf das konkrete Vorgehen (Kapitel 8), und entdecken schliesslich die Herausforderungen der Verbreitung der Quellenprinzipien um uns herum (Kapitel 9).

Eine Quelle kann horizontal oder vertikal übertragen werden. Die vertikale Übertragung ist die radikalste: Sie ist die vollständige Weitergabe der globalen Quelle eines Projekts, einer Initiative, eines Hauses oder einer Beziehung an eine andere Person. Die horizontale Übertragung besteht entweder in der Übergabe eines Teils des Projektfeldes durch die globale Quelle an eine spezifische Quelle (wir haben dies bereits in Kapitel 4 besprochen) oder in der Übertragung desselben Teils des Feldes durch seine spezifische Quelle an eine andere spezifische Quelle. Jede Übertragung der Quelle, vertikal und horizontal, erfolgt immer einzeln, von Person zu Person; es ist unmöglich, die Quelle an ein Unternehmen oder eine Führungsgruppe weiterzugeben, nur an *eine bestimmte Person* in diesem Unternehmen oder dieser Gruppe.

Bevor wir tiefer in diese beiden Achsen der Übertragung einsteigen, lassen Sie uns einen Moment innehalten, um uns den eigentlichen Akt der Übertragung anzusehen, der ein äusserst dynamischer, kreativer und sinnvoller Prozess ist, der zwischen zwei Menschen stattfindet. Es ist, als ob die Quellenperson den Stab der Laufstafette des Projekts an jemand anderen weitergibt, so dass diese neue Quelle das Rennen fortsetzen kann. Nathalie Sarthou-Lajus* vergleicht diesen Akt mit dem „Passspiel" in einem Rugby-Spiel, bei dem der ovale Ball, bevor er vom Gegner blockiert wird, von einem Spieler zu einem Teamkollegen geworfen wird, der ihn „wie einen Schatz erhält, der so kostbar und unberechenbar ist wie ein Kind, das aus dem Mutterleib kommt“ (*Le geste de transmettre*, S. 46). In der Tat ist die Übertragung der Quelle eine Geburt, mit ihrer Mischung aus Vorbereitung und Improvisation, Leidenschaft und Loslassen, wo sich die Teile des Bewussten und des Unbewussten vermischen, beim Spender und beim Empfänger. Der Akt der Weitergabe der Quelle wird möglich, wenn bei beiden Beteiligten dabei drei Komponenten ausreichend ineinandergreifen: Freiheit, Vertrauen und Risikobereitschaft.

Die Übertragung der Quelle ist vor allem eine Frage der Freiheit: Die globale Quelle muss frei sein, die Quelle *an wen sie auch möchte* weiterzugeben und die neue Quelle muss sich frei fühlen, sie zu akzeptieren oder nicht. Darüber hinaus steht es der globalen Quelle frei, die Quelle zu übermitteln, *wann immer sie will*, und niemand – nicht einmal ihr Nachfolger – kann ihr diesbezüglich Vorschriften machen. Sobald diese doppelte Freiheit gewährleistet ist, muss die Quellenperson für den Akt der Weitergabe darauf vertrauen können, dass ihr Nachfolger die Quelle aufnehmen kann, indem er die oben genannten Rollen des Unternehmers, Führers und Hüters angemessen ausübt. Auf der anderen Seite muss die für den Empfang der Quelle auserkorene Person Vertrauen haben in die globale Quelle und ihr Projekt, aber auch in ihre eigene Fähigkeit, sich der Herausforderung der Quellenverantwortung zu stellen. Jeder muss an den anderen und an sich selbst glauben, zumindest so weit, dass der Akt der Übertragung gemeinsam vollzogen wird. Wie oben in Bezug auf das Paar erwähnt (siehe Kapitel 5), wird der eine dann zum Prinzip und der andere zur Vollendung der Übertragung der Quelle. Es ist ein einziger Akt, der von zwei Menschen freiwillig begangen wird, dank des Vertrauensverhältnisses, das sie aneinander bindet.

Nun ist Vertrauen eine Überzeugung, nicht eine Gewissheit! Per Definition wird dem anderen Vertrauen geschenkt, bevor man sich zu 100% sicher ist, dass diese andere Person es wirklich wert ist; deshalb ist der Akt der Übermittlung notwendigerweise mit einer Risikodimension verbunden, die sowohl vom Geber als auch vom Empfänger geteilt wird, von der keiner mit absoluter Sicherheit weiss, ob die Weitergabe auch wirklich „funktionieren wird". Wenn man darüber nachdenkt, ist es nicht verwunderlich, dass man in der Übertragung der Quelle eine Risikodimension findet, da man weiss, dass sie von Anfang an ein integraler Bestandteil der unternehmerischen Rolle einer jeden Quellenperson ist. Worum geht es insbesondere bei diesem Risiko für beide Quellenpersonen?

Für den Übertragenden besteht das Hauptrisiko darin, dass die Weitergabe fehlschlägt und der gesamte Prozess später wiederholt werden muss. Hinzu kommt die Angst der Auslöschung der eigenen Funktion: Was wird der Übertragende — in seinen eigenen Augen und in den Augen anderer — werden, wenn er einmal nicht mehr die globale Quelle ist? Tatsächlich hat aus der Sicht der Person, die im Begriff ist, die Quelle weiterzugeben, „jede Übergabe eine tragische Dimension, denn sie erfordert eine Form von Opfer und Selbstaufgabe. (...) Die Übertragung scheint mir also eine zutiefst beziehungsbezogene und verändernde Erfahrung zu sein, die nur auf Grundlage eines Selbstverzichts durchgeführt werden kann, dem man

zustimmen muss“, um die Worte von Nathalie Sarthou-Lajus zu verwenden (S. 70 und 72).

Für den Empfänger besteht das Hauptrisiko in einem Zeit-, Energie- und auch Reputationsverlust durch eine nicht gelungene Übergabe, welche die Angst vor dem Scheitern oder die Furcht, der Aufgabe nicht gewachsen zu sein, bestätigt. Und selbst wenn die Übertragung gelingt, kann der Empfänger immer noch unter der Wirkung einiger sprichwörtlicher „Leichen im Keller“ leiden, wenn er feststellt, dass bei allen positiven Aspekten des Projekts auch Negatives übertragen wurde. Aus der Sicht des Empfängers der Quelle besteht die grösste Herausforderung darin, „mit dem Alten etwas Neues zu machen“, das Wesen des Projekts zu bewahren und es gleichzeitig zu entwickeln, d.h. der Grundidee treu zu bleiben und gleichzeitig das Risiko der Freiheit einzugehen: „Weitergabe ist ein Paradoxon. Es erfordert das Anschliessen an eine Tradition, die nicht selbst gewählt wurde, um sich von ihr zu befreien, indem man sie sich wieder aneignet. Tradition ohne Freiheit überwältigt. Freiheit ohne Tradition verschwendet ihre Kraft ins Leere. (....) Erbe zu werden bedeutet nicht, das Gesagte und Gegebene als selbstverständlich hinzunehmen, sondern das Erbe in Frage zu stellen und neu zu erfinden.“ (Nathalie Sarthou-Lajus, S. 101-104).

Kehren wir zu den beiden Achsen, horizontal und vertikal, der Quellenübertragung zurück. Jedes Mal, wenn eine globale Quelle einen Teil des Projektfeldes einer spezifischen Quelle überträgt, erfolgt eine *horizontale Übertragung*, d.h. auf der Oberfläche des globalen Feldes. Eine solche Übertragung sollte komplett sein (das Feld wird vollständig abgegeben), aber sie ist nicht endgültig, da die globale Quelle jederzeit das Feld zurückordern und das Mandat der spezifischen Quelle widerrufen kann. Kurz gesagt entspricht es eher einer Delegation der Quelle denn einer Übertragung im eigentlichen Sinne. Dies ist z.B. der Fall, wenn wir Dienstleister (Treuhand, IT, Beratung, Lieferant, Wartung, usw.) wechseln, die im Rahmen unseres Projekts eine Rolle mit einem gewissen Raum für Initiativeergreifung spielen. Ebenso sind der interne Rückruf von Mandaten spezifischer Quellen durch die globale Quelle und die Zuweisung neuer Quellenmandate wichtige Etappen der horizontalen Übertragung in jedem Prozess der Neugestaltung von Strukturen, Aufgaben und Verantwortlichkeiten innerhalb eines Unternehmens. Natürlich wird die globale Quelle bestrebt sein, jede horizontale Neuentwicklung ihres Felds mit Sorgfalt und Respekt vor den Mitmenschen durchzuführen.

Die andere häufige Situation der horizontalen Übertragung besteht in der Weitergabe von der spezifischen Quelle zu einer anderen spezifischen Quelle des ihr anvertrauten Teils des Feldes. Dies kann natürlich nur mit dem Segen der globalen Quelle geschehen, aber es ist vor allem eine schöne Möglichkeit für alle, diese Übertragung der spezifischen Quelle unter die besten Vorzeichen zu stellen, indem sowohl die Person, die sie gibt, als auch die Person, die sie erhalten wird, zuvor sicherstellen, dass die wichtigsten Übertragungsbedingungen (Freiheit in Treue, Vertrauen, Risikobereitschaft) gegeben sind. Die Flamme der spezifischen Quelle kann dann sicher weitergegeben werden.

Vor einiger Zeit kam eine Partnerin von Ordinata auf mich zu, um mir zu sagen, dass sie gerne einen wesentlichen Teil ihrer Aufgaben jemand anderem übertragen würde, um sich für Aktivitäten zur Verfügung zu stellen, die sie mehr motivierten und damit auch mehr Wert für das Unternehmen haben würden. Mit anderen Worten, sie wollte „ihren“ Teil des Ordinata-Feldes neu gestalten und hatte sogar schon jemanden im Blick, den wir einstellen könnten, um sich an ihrer Stelle und unter ihrer Supervision, um jene Aktivitäten zu kümmern, die sie abzugeben gedachte. Als globale Quelle des Unternehmens war ich natürlich sehr erfreut über die verantwortungsvolle Quelleninitiative, und ich habe mich beeilt, sie zu unterstützen. Bald darauf waren wir eine Person mehr bei Ordinata.

Es kommt auch vor, dass die globale Quelle eine solche horizontale Übertragung nicht eingehen will, weil sie es vorzieht, den Weggang einer spezifischen Quelle zu nutzen, um die Topographie ihres Projektfeldes zu überprüfen und gegebenenfalls zu einer anderen Aufgabenteilung überzugehen. Manchmal übernimmt die globale Quelle den Teil des Feldes, der durch die spezifische Quelle, die geht, hinterlassen wird, und kümmert sich vorübergehend selbst darum, bevor sie diese wieder einer anderen Person anvertraut. So hatte ein Freund, Direktor eines Alter- und Pflegeheims, nach dem Ausscheiden seines Verantwortlichen für die Infrastruktur vorübergehend dessen Tätigkeiten abgedeckt und war sozusagen zu seiner eigenen spezifischen Quelle in diesem Bereich geworden. Nachdem er sich einen guten Überblick über diesen Teil des Feldes seiner Institution verschafft hatte, definierte er die Konturen neu und konnte diese spezifische Quelle jemand anderem anvertrauen.

Kommen wir zur *vertikalen Übertragung*, welche die Welt des „Alles oder Nichts" ist. Bei einem erfolgreichen Transfer überträgt die globale Quelle *ihre gesamte Quelle* an ihren Nachfolger: Sie übergibt das gesamte Projekt, d.h. das gesamte Feld, einschliesslich aller den spezifischen Quellen anvertrauten Teile, die Seele des Projekts, seine DNA, seine Leistungen, seine Geschichte, die wichtigen Dinge und jedes Detail. Sie vertraut der Nachfolge nicht nur das Projekt an, wie es jetzt ist, sondern auch seine Zukunft. Wenn der Geber auch nur eine Parzelle behalten würde, würde er tatsächlich nichts übertragen, da das Feld der globalen Quelle eins und unteilbar ist.

Die vertikale Übertragung der Quelle ist keine Frage der Übertragung von Aktien, erklärt Martine Deschamps*: „Diese Übergabe ist weder rechtlicher noch finanzieller Natur! Es ist die Übergabe von kreativer Energie, von Immateriellem. Auch wenn wir den besten Plan für den Transfer des Wissens, der Macht und der Aktien haben, mit der besten Steuer-, Finanz- und Rechtsstrategie: Sie haben Ihr Unternehmen vielleicht gar nicht übertragen!" (*Planifier sa retraite ou sa relève...*, S. 103). Dies geschah bei einem unserer Kunden, einem Grossunternehmer, der ein mittleres Unternehmen gekauft hatte und dabei dessen Gründer und globale Quelle in seiner Funktion als Direktor dieses KMUs beliess. Anstatt eine Rolle als spezifische Quelle im globalen Rahmen des übernehmenden Unternehmens anzunehmen, hatte dieser Gründer alles verkauft... und dabei trotzdem seine globale Quelle behalten! In den wenigen Jahren günstiger wirtschaftlicher Rahmenbedingungen, die auf den Kauf folgten, zweifelte niemand diese unklare Rolle an. Aber als sodann schwierigere Zeiten aufkamen, wurde immer deutlicher, dass die globale Quelle des erworbenen Unternehmens tatsächlich die Entwicklung seines Projekts ausserhalb des globalen Feldes des Grossunternehmens verfolgt hatte, wobei sie ihre eigene Vision und ihre eigenen Werte bevorzugte, anstatt die der globalen Quelle des Ganzen umzusetzen. Eine solche Lage der Verhältnisse kann nicht auf unbestimmte Zeit so weitergehen, und wenn der Direktor des KMUs nicht zustimmt, seine globale Quelle auf den Leiter des Grossunternehmens zu übertragen, wird diese sich schliesslich vom Partner und seiner Firma lösen, die ihm letztlich nur auf dem Papier gehört und genutzt hat!

Die Situationen, in denen die globale Quelle nicht übertragen wird, sind in Wirklichkeit viel häufiger als man erwarten würde. Dies hat mehrere Ursachen. Im oben genannten Fall war es die Unkenntnis der Quellenprinzipien zum Zeitpunkt der Übernahme des KMUs, die es seinem Gründer ermöglichte, seine globale Quelle heimlich zu „behalten". Eine globale Quelle kann sich auch dafür entscheiden, ihr Projekt nicht zu übertragen und nach seinem Abgang sterben zu lassen: Es handelt sich dann also um eine freiwillige Nicht-Übertragung. Oder, wie leider allzu oft der Fall, wurde die globale Quelle, obwohl sie sich schon um ihre Nachfolge kümmern wollte, durch den Tod oder eine dauerhafte Abwesenheit daran gehindert. In diesem Fall wurde ihr Projekt quasi „Quellenwaise". Um zu erklären, was dann passiert, verwendet Peter Koenig das Bild der Quelle als *Fackel, die zu Boden fiel,* als die globale Quelle verschwand: Sie liegt dort, raucht noch, und jeder kann sie in die Hand nehmen und anheben, so dass die Glut wieder aufflammen kann und so zur neuen globalen Quelle des

Projekts wird. So geschah es mit unserer Treuhänderin nach dem frühen Tod des Gründers ihres Büros; sie hob mutig die Fackel auf und setzte die Arbeit ihres ehemaligen Chefs fort. Schliesslich gibt es Fälle von Nicht-Übertragung, weil kein geeigneter Nachfolgekandidat gefunden werden konnte, wie es mir in einer von mir gegründeten Vereinigung passiert ist, deren globale Quelle ich seit einigen Jahren zu übertragen versuche… Manchmal muss die globale Quelle geduldig sein! Dabei soll sie sich daran erinnern, dass sie für ihr Projekt verantwortlich bleibt, bis sie die Quelle weitergegeben hat oder beschlossen hat, es zu stoppen.

Was passiert mit einem Projekt, wenn die globale Quelle verschwunden ist, ohne die Quelle übertragen zu haben? Die Initiative kann je nach der Energie, die den betroffenen Personen noch zur Verfügung steht, noch mehr oder weniger lang andauern, aber der Prozess des Niedergangs ist unaufhaltsam im Gange und führt zu Vitalitätsverlust, Desorientierung, Demotivation, verminderter Aktivität, Sinnverlust, Auflösung des Kollektivs, Qual und programmiertem Tod des Projekts, es sei denn, jemand hebt die Fackel auf, die am Boden liegt. Das Projekt profitiert nicht mehr von den Intuitionen der Quelle, niemand ist für die Klärung des nächsten Entwicklungsschritts verantwortlich, niemand wird neue Initiativen eingehen und jedes potenzielle Risiko wird vermieden. Darüber hinaus ist die Partizipationsdynamik dort, wo die Übertragung von Quellen nicht korrekt erfolgt ist, immer gefährdet, da die globale Quelle nicht mehr da ist, um uns an ihren Sinn zu erinnern.

All dies wird Ihnen, der Quellenperson, die dieses Buch liest, nicht passieren, denn Sie sind gewarnt. Sie sind sich bewusst, dass die Übertragung der Quelle eine Quellenverantwortung ist, und Sie sind fest entschlossen, dies zu tun, wenn die Zeit reif ist, nicht wahr?

Aber in der Tat, die konkrete Weitergabe, wann soll man sie angehen? Nur die globale Quelle kann sich auf ihre Quellenintuitionen verlassen, um den „richtigen Moment" aufzuspüren; der Dialog mit ihrem Nachfolger sowie ihre persönliche Reflexion werden dazu beitragen, ihre Zweifel am letzten „nächsten Schritt", den sie für ihr Projekt definieren muss, auszuräumen. Und erst wenn die Zeit für den einen gekommen ist und sich der andere ebenso bereit fühlt, wenn die Bedingungen der gegenseitigen Freiheit, des Vertrauens und der Risikobereitschaft ordnungsgemäss sichergestellt wurden, werden sie zur Aktion übergehen. Im nächsten Kapitel werden wir sehen, wie das geht.

Kapitel 8

Wie kann man konkret die Quelle übergeben?

DAS Übergeben der Quelle ist eine Kunst, die geübt und vorbereitet werden muss. Einige meiner Kunden nehmen es sehr ernst und denken schon lange im Voraus darüber nach, wie dieser Direktor einer Institution, der vor einiger Zeit — fünf Jahre vor seinem vorgesehenen Pensionierungstag — einen Plan für alles aufgesetzt hat, was er als globale Quelle zur Vorbereitung seiner Nachfolge zu schaffen habe. Auch wenn es noch zu früh ist, um die endgültige Wahl seiner Nachfolge zu treffen (es ist noch nicht der „nächste Schritt"!), übt er sein Kollektiv bereits in der Partizipationsdynamik, die es der zukünftigen Quelle ermöglichen wird, zu gegebener Zeit die Leitung der Einrichtung unter den besten Bedingungen der Zusammenarbeit zu übernehmen. Gleichzeitig bereitet er sich allmählich auf das Loslassen und Abgeben vor, das ihm am „D-Day" der Übertragung obliegen wird.

Wie Sie verstanden haben, wird eine Quellenübertragung sorgfältig und ausreichend im Voraus vorbereitet, damit die Person, die die Quelle weitergeben möchte, ihre vielen Zweifel zerstreuen kann, indem sie die nächsten Schritte auf dem Weg zu diesem für das Weiterbestehen ihres Projekts entscheidenden Prozesses schrittweise klärt. Sie bereitet sich darauf vor, indem sie die drei in Kapitel 2 beschriebenen Mittel einsetzt, um Klarheit zu schaffen: Das Zuhören ihrer Intuitionen, das Nachdenken in Zeiten der Selbstbesinnung und der Dialog mit anderen Personen. Ich stehe regelmässig in einem solchen Dialog mit Menschen, die sich auf die Übergabe der globalen Quelle vorbereiten. Es ist eine Tätigkeit, die ich sehr liebe, weil sie sowohl den Plan der Person als auch den ihres Unternehmens oder Projekts berührt, in einem aufrichtigen Ansatz, bei dem Demut und Grösse sich treffen, Leidenschaft und Verantwortung sich miteinander vereinbaren und legitime Interessen sich mit der Selbsthingabe die Waage halten.

Man muss sich sicher gut vorbereiten: doch wie soll die Quelle konkret übergeben werden? Tatsächlich gibt es für das „Wie" der Übertragung ein breites Spektrum an Möglichkeiten, von sehr formell bis sehr informell. Unabhängig von der gewählten Übertragungsart wird der grosse Augenblick der Übertragung immer etwas Besonderes bleiben, an das sich sowohl der Geber als auch der Empfänger ihr ganzes Leben lang erinnern werden — und oft auch diejenigen, die das Glück haben, daran teilzunehmen! So erlebte ich eine sehr formelle, aber äusserst freudvolle Übergabe zwischen einem Direktor einer Betreuungseinrichtung und seinem Nachfolger, umgeben von den bewegten Mitarbeitenden und Bewohnern, die alle gekommen waren, um bei der Übergabe des Stabs dabei zu sein. Am Höhepunkt dieser ganztägigen Veranstaltung hielten beide eine Rede, und dann, in dem Moment, in dem der Direktor demjenigen, der seinen Platz einnehmen würde, ein symbolisches Objekt gab, verstand jeder, dass die globale Quelle übertragen worden war.

Die formelle Übertragung hat viele Vorteile: Sie unterscheidet klar zwischen vorher und nachher, wer verantwortlich ist und wer nicht mehr; der Quellenwechsel wird den Beteiligten sofort und unmissverständlich mitgeteilt; die neue globale Quelle wird dank ihrer öffentlichen Beglaubigung durch die alte Quelle von allen klar erkannt; und schliesslich wird die gemeinsame Erinnerung der Veranstaltung es denjenigen, die bleiben — der neuen Quellenperson wie auch ihren Mitarbeitenden — ermöglichen, sich in Zukunft offen darauf zu beziehen und so auf die „ursprüngliche Quellenenergie“ zurückzugreifen.

Es besteht jedoch keine Verpflichtung, ein formelles Ritual durchzuführen. Die Übertragung der Quelle ist genauso gültig, wenn sie informell erfolgt, im Büro während eines Austauschs unter vier Augen, zum Beispiel, oder im Auto, wenn man von einem gemeinsamen Termin zurückkehrt. Einmal habe ich sogar eine globale Quelle — in diesem Fall für ein Haus — per Telefon erhalten! Die einzige Voraussetzung für die Wirksamkeit einer informellen Übertragung ist, dass beide Parteien ihre gegenseitige Zustimmung zum Ausdruck bringen können.

Alles, was ich gerade über die Weitergabe der Quelle gesagt habe, gilt sowohl für die horizontale als auch für die vertikale Übertragung, wenn auch in unterschiedlichem Masse. Meistens erfolgt die horizontale Übertragung eines Teils des Projektfeldes auf eine spezifische Quelle informell, aber eine gewisse Formalisierung wäre manchmal vorzuziehen, wie in diesem Ingenieurbüro, wo eine Teamleiterin damit kämpfte, ihre Rolle auszufüllen. Sie erkannte, dass die globale Quelle des Unternehmens niemals richtig weder sie selbst, noch das Unternehmen oder ihre Teamkollegen klar informiert hatte, dass sie ihr die spezifische Quelle für dieses Team übertragen hatte. Als die unglückliche Teamleiterin der globalen Quelle schliesslich davon erzählte, reagierte diese mit Erstaunen: Sie war überzeugt, dass die vage informelle Anspielung, die sie gemacht hatte, für die Übertragung der Quelle gereicht habe. „Wann war das noch mal?" fragte die globale Quelle, die sich nicht erinnern konnte. Ein klares Zeichen, das den Zweifel an der Realität dieser Übertragung bestätigte! Auf jeden Fall hatte keine Übertragung stattgefunden, weil die Empfängerin nicht die Möglichkeit gehabt hatte, jener zuzustimmen. Das Team war verwirrt, es fand es logischerweise schwierig, sich jemandem anzuschliessen, der nicht die Quelle war. Etwas mehr Formalismus hätte wahrscheinlich beiden Parteien geholfen, sich klarer zu positionieren…

Im erhabenen Moment der Quellenübertragung stehen Geber und Empfänger wie *an einer Schwelle*, „dieser Spalte von Zeit und Raum, zwischen Vergangenheit und Zukunft, zwischen Innen und Aussen" (Nathalie Sarthou-Lajus, S. 26). Die Freiheit ist auf beiden Seiten gegeben, gegenseitiges Vertrauen ist vorhanden, das Risiko steht bevor, eingegangen zu werden, jeder bereitet sich innerlich auf das, was in einem Moment passieren wird, vor, ebenso wie auf alles, was dazwischenfahren könnte… Alles ist also für die Übergabe der Quelle bereit, und die Zeit ist wie „auf der Schwelle hängen geblieben", bis der Geber seinen letzten „Schritt vorwärts" macht und der Empfänger mit seinem allerersten „nächsten Schritt" in seiner neuen Rolle reagiert und das Geschenk der Quelle annimmt.

Ein Kunde erzählte mir von der grossartigen informellen Übertragung der globalen Quelle eines Unternehmens, dessen Empfänger er einige Jahre zuvor gewesen war: An einem Freitagabend war er noch in seinem Büro geblieben, während die anderen Mitarbeitenden bereits ins Wochenende gegangen waren. Plötzlich blieb die globale Quelle, Firmengründer und CEO (der bereits das Rentenalter überschritten hatte), vor seiner Tür stehen — an der Schwelle, buchstäblich! — um ihm diese acht Worte zu sagen: „Ich denke, dass du nun wirklich übernehmen musst". Und die Quellenübertragung war abgeschlossen.

Wie wählt man seine Nachfolge aus? Die Frage verfolgt zu Recht viele Quellenpersonen, sobald sie erkennen, dass sie sich damit auseinandersetzen müssen, wenn sie wollen, dass ihr Projekt bei ihrem Abschied weitergehen soll. Es muss also jemand gefunden werden. Welche aussergewöhnlichen Eigenschaften sollte diese Person haben? Der erste Reflex von vielen wäre, sich auf die Kompetenzen des Kandidaten zu konzentrieren. Peter Koenig betont aber, dass *Kompetenzen kein bestimmender Faktor* bei der Wahl einer globalen Quelle *sind*; einige davon zu haben, kann zweifellos ein Pluspunkt sein, aber sie sind bei weitem nicht wesentlich, sie sind eher das Tüpfelchen auf dem i, wenn Sie den Ausdruck erlauben. Das Wesentliche ist

wieder einmal das Vertrauen: Wie Nathalie Sarthou-Lajus es so gut ausdrückt, „beinhaltet der Akt der Übertragung eine Vertrauensbeziehung, die über Sinn und Wert des Übertragenen entscheidet, unabhängig von unseren Fähigkeiten oder Stärken. Die Qualität dieser Beziehung wird die Übertragung lebendig oder leblos machen." (S. 19). Und was verursacht dieses Vertrauen? Die Überzeugung, dass die zukünftige Quelle die Seele des Projekts, seine DNA, d.h. die Vision des Projekts und seine Werte respektieren, pflegen und verteidigen wird. Nur wenn der Empfänger sofort die Vision und die Werte teilt, die der Spender mit dem Projekt verbunden hat (wenn er der Gründer ist) oder diese für das Projekt anerkannt hatte (wenn er aus einer späteren Quellengeneration stammt), wird er in der Lage sein, die globale Quelle zu werden, unabhängig von den Fähigkeiten (sogar, wenn perfekt auf das Projekt abgestimmt!), die er sonst besitzt.

Andererseits, — egal wie inkompetent eine zukünftige Quelle im spezifischen Bereich des Projekts auch sein mag —, wenn sie ihre Werte und Vision annimmt, weil sie ihren eigenen entsprechen, kann sie eine ausgezeichnete globale Quelle abgeben. Ich erlebte dies, als ich eine Grundschule gründete, deren Direktor ich fast zehn Jahre lang war, ohne ein pädagogisches Diplom zu haben. Hätte ich gewartet, bis ich in dieser Angelegenheit kompetent geworden wäre, hätte ich es nie gewagt, eine solche Initiative zu ergreifen. Erinnern Sie sich: „Wir wussten nicht, dass es unmöglich ist, deshalb haben wir es getan!". Fähigkeiten sind natürlich für die Durchführung eines Projekts unerlässlich; genau deshalb lädt die globale Quelle — die nicht alle haben darf und kann — Spezialisten ein, sich ihrem Projektfeld anschliessen und

Rollen als spezifische Quellen zu übernehmen. Aber die wichtigste Eigenschaft, die Sie bei einem guten Kandidaten für Ihre globale Quellennachfolge suchen, ist es, die Werte zu tragen und die Vision des Projekts gegen alle Widerstände in Richtung Realisierung zu treiben.

Übrigens, wenn Sie die globale Quelle übertragen, was wird überhaupt genau übertragen? Im vorherigen Kapitel haben wir bereits gesehen, dass *das gesamte Projekt* auf eine Person übertragen wird; alles, d.h. sowohl der Inhalt des Projekts (Feld, Leistungen, Ressourcen, Vergangenheit und Gegenwart) als auch sein Rahmen (die DNA des Projekts, ausgedrückt durch seine Werte und seine Zukunftsvision). Darüber hinaus gibt es etwas, das auf subtile Weise übertragen wird, nämlich die Fähigkeit, durch Anziehungskraft andere Leute zum Projekt zu bringen und diese als globale Quelle mit der eigenen Leidenschaft für das Projekt anzustecken.

In dem, was übertragen wird, sind einige Teile permanent, d.h. jede neue globale Quelle empfängt sie so, wie sie sie von ihrer Vorgängerin erhalten hat, und wird sie einmal ohne Veränderungen an ihren eigenen Nachfolger so weitergeben. Das ist die Rolle der Hüterin der Quellenperson, die sie durch die Konservierungsfunktion ihrer Autorität ausübt (siehe Kapitel 4). Andere Teile können und sollten sich auf dem Weg zur Anpassung des Projekts an die unvermeidlichen Veränderungen in seinem Kontext im Laufe der Zeit ändern: hier übt die Quellenperson dank der Differenzierungsfunktion ihrer Autorität ihre Rolle als Führerin aus.

Das wichtigste permanente Element des Inhalts ist *das Feld des Projekts*, nicht in dem Sinne, dass es starr, immobil wäre: Im Gegenteil, das Feld ist in Bewegung, es wächst oder schrumpft ständig, je nach Wahrnehmung der globalen Quelle! Solange es ein Projekt gibt, egal wie klein es ist, gibt es ein Quellenfeld. Das einzige permanente Element des Projektrahmens sind *die Werte*, zu deren Schutz die neue Quelle aufgerufen ist, so wie sie sie im Moment der Übertragung erhalten hat, wobei sie ihre Rolle als Hüterin voll ausfüllt. Während sich ihr Verständnis der Werte entwickeln kann, weil sie deren Bedeutung besser erkennt, so ändert doch das Projekt die Werte im Laufe der Zeit nicht.

Das andere Element des Rahmens, *die Vision*, ist vor allem dynamisch: Deshalb muss die neue globale Quelle in der Lage sein, sie jederzeit an die verschiedenen Veränderungen (die sowohl von aussen als auch von innen kommen können) anzupassen, die sich zwangsläufig im Laufe der Zeit ergeben. Bei der Verwirklichung der Vision übt die neue Quelle insbesondere ihre Rolle als Führerin (durch die Definition der nächsten Schritte) und als Unternehmerin (durch Ergreifen von Initiativen und dem Eingehen von Risiken) aus.

Das Letzte, was übertragen wird, *die Fähigkeit, andere* um das Projekt herum *zusammenzubringen*, wurzelt in der Leidenschaft der Quellenperson für ihr Projekt. Jede Quellenperson entwickelt ihre eigene Passion, die wie ein sehr persönliches Energiereservoir fungiert; auch lebt jede Person ihre Leidenschaft für das Projekt auf ihre eigene Weise, mit mehr oder weniger Intensität und Ausdruckskraft. Die Fähigkeit zur Anziehung von Menschen, die der Quellengeber unmerklich an seinen Nachfolger weitergibt, wirkt wie ein Funke, der in anderen Personen das Feuer der Leidenschaft und der Quellenmotivation entfacht. Jede Quellenperson (global oder spezifisch), die „gesund“ ist, d. h. nicht von einer der Quellenpathologien betroffen, wird von einem inneren Feuer bewohnt, das ihr die notwendige Kraft gibt, ihre Quellenmission zu erfüllen. Und wenn dieses Passionsfeuer erlöschen sollte, hat sie immer noch ihren „Quellenkanal“ zur Verfügung, um die Flamme wieder zu entzünden.

Was passiert, wenn die Quellennachfolge schiefgegangen ist? Seien wir hier vorsichtig bei der Wahl der Worte, die wir verwenden: eine gescheiterte globale oder spezifische Quellennachfolge, bei der der Nachfolger nicht wirklich die Verantwortung für die Quelle übernimmt, kommt vor, und das sogar recht häufig. Jedoch schlägt eine globale oder spezifische Quellenübertragung nie fehl: Wenn wir denken, dass sie gescheitert ist, hat in Wirklichkeit keine Übertragung stattgefunden! Ich staune immer wieder über dieses „Sicherheitssystem“, das sich im Boden jedes unserer Projekte versteckt: Wenn eine Quellenperson versucht, die Quelle an jemanden weiterzugeben, und dieser sie mündlich akzeptiert, sie aber (aus welchem Grund auch immer) nicht annimmt, ist die Übertragung nicht erfolgt und die Quelle bleibt bei der ursprünglichen Quellenperson. Infolgedessen verfügen unsere Projekte, Initiativen, Geschäfte und Beziehungen immer über eine Quellenperson, wobei die alte Quelle einfach im Amt bleibt, bis ein neuer Übertragungsversuch organisiert und erfolgreich ist.

Das scheitern einer Nachfolge kann auf beiden Seiten liegen. Der Empfänger kann beispielsweise mündlich, aber nicht mit dem Herzen zugestimmt haben oder musste das Projekt vorzeitig verlassen, bevor er seinen Quellenanzug wirklich „überstreifen“ konnte. Der Geber kann in der Illusion (mehr oder weniger bewusst) einer erfolgreichen Weitergabe gelebt haben, obwohl es ihm in Wirklichkeit nicht gelungen ist, sich von der Quelle zu trennen und sein Projekt loszulassen. Ich kannte einen alten Gründer einer Wohltätigkeitsorganisation, der während vieler Jahre alles für sein Werk gegeben hatte, der mehrfach versucht hatte, die Quelle zu übergeben, den Versuch jedoch immer wieder abgebrochen hatte. Dies verursachte viel Leid für die angestellten, aber letztendlich doch abgewiesenen Personen. Endlich fand er sich einem besonders geeigneten Kandidaten gegenüber, einer grossen Erscheinung, der sein Vertrauen gewonnen hatte und ihm zur richtigen Zeit die Stirn geboten hatte, um ernsthaft über die Bedingungen für den Transfer zu verhandeln. Ich nahm an ihrer Übertragung der Quelle anlässlich einer Generalversammlung teil und war erfreut zu sehen, dass der Gründer endlich die Kraft gefunden hatte loszulassen. Einige Jahre später erzählte mir die neue Quelle, dass sein Vorgänger in der Zeit nach dieser Übertragung versucht hatte, bestimmte Aspekte des Transfers wieder zurückzunehmen. Wenn jedoch eine Quelle übergegeben ist, ist sie übergegeben, und die alte Quelle kann sie nicht zurücknehmen… es sei denn, ihr Nachfolger beschliesst freiwillig, sie ihr vollständig zurückzugeben.

Bisher haben wir nur solche Quellenübertragungen erwähnt, bei denen die Quellenperson die direkte Verantwortung für die Wahl ihrer Nachfolge trägt. Aber wie verhält es sich, wenn der Ernennungsprozess die Beteiligung der Quelle ausschliesst, wie es heute in vielen öffentlichen und privaten Gemeinschaften der Fall ist? Manchmal scheint es diesen Organisationen eine Ehrensache zu sein, die Quellenperson von der Wahl ihres eigenen Nachfolgers auszuschliessen, mit der Begründung, dass es besser wäre, um „Veränderungen herbeizuführen“. Wenn es darum geht, eine spezifische Quelle zu ersetzen, gibt es kein Problem, denn diese Aufgabe fällt natürlich der globalen Quelle der Organisation zu. Die spezifische Quelle braucht nicht zu intervenieren, obwohl sie es mit der Zustimmung der globalen Quelle kann, wie wir gesehen haben. Aber eine echte globale Quelle kann zu ihren Lebzeiten nicht ersetzt werden, ohne dass diese zumindest ihre Zustimmung zur Wahl ihres Nachfolgers gibt. Denken wir daran, dass eine globale Quelle nicht entwendet, sondern nur gegeben werden kann.

In Wirklichkeit liegt der Situation ein gewaltiges Missverständnis zu Grunde: Meistens wird die scheidende globale Quelle aus dem Ernennungsverfahren ausgeschlossen, nicht so sehr in ihrer Rolle als Quelle als in ihrer Rolle als hierarchisch Verantwortliche. Tatsächlich sind sich die Entscheidungsträger (z.B. Mitglieder eines Verwaltungsrats oder Stiftungsrats) der Unterscheidung zwischen *leitender Funktion* (für die sie bestimmt die Ernennungsbefugnis haben) und *Quellenrolle* (die nur die aktuelle globale Quelle übertragen kann) im Allgemeinen nicht bewusst. Sie können daher in allen Ehren versuchen, den Geschäftsführer zu ersetzen, ohne zu verstehen, dass dieser gleichzeitig die globale Quelle ist. Das Unternehmen befindet sich dann in der unangenehmen Situation, dass sein neuer Geschäftsführer seine Arbeit aufnimmt, ohne die globale Quelle erhalten zu haben! Eine solche Situation hat nichts Beneidenswertes, weder für den Geschäftsführer selbst, der mit einer unmöglichen Mission betraut wurde, noch für das Unternehmen, das nicht mehr von den Intuitionen und der Klarheit der globalen Quelle bezüglich den nächsten Schritten profitiert, seiner Zukunft beraubt ist und auf lange Sicht verschwinden wird.

Es gibt jedoch eine Lösung, die aber ganz davon abhängt, inwieweit die Bedingungen für die Übertragung (Freiheit, Vertrauen und Risikobereitschaft) von der globalen Quelle erfüllt werden können, obwohl sie im Ernennungsprozess ihrer Nachfolge fehlt. Ich begleitete einst einen sich der Pension nähernden Chef, dessen Unternehmen, von beachtlicher Grösse, Teil einer noch grösseren Gruppe war. Obwohl seine Gesellschaft in ihrer Geschäftstätigkeit weitgehend unabhängig von der Gruppe war, war er — gemäss der Regel — von der Wahl seines Nachfolgers ausgeschlossen, der Verwaltungsrat der Gruppe kannte ja den Begriff der Quelle nicht. Durch gemeinsames Nachdenken über die Situation verstanden wir, dass er, auch wenn er keinen Spielraum für die Wahl seines Nachfolgers hatte, dennoch die gesamte Quelle des Unternehmens an ihn weitergeben konnte, sofern er *Vertrauen* in diese Person hatte. Da Vertrauen nur aufgebaut und entwickelt werden kann, wenn man sich kennt, war es unerlässlich, dass er mit seiner Nachfolgerin, einer externen Kandidatin, Umgang haben konnte. Er hat daher dem Verwaltungsrat (hier ging er ein Risiko ein!) vorgeschlagen, seine Nachfolgerin bereits drei Monate vor seinem eigenen Ausscheiden zu engagieren. Die beiden Personen haben so zusammenarbeiten können, um die Dossiers zu übergeben, und am Ende des Trimesters, nachdem Vertrauen aufgebaut werden konnte, entschied sich die globale Quelle (hier ist die Freiheit!) für die Übertragung der Quelle. Der Verwaltungsrat wusste nichts davon. Ich kann mir jedoch vorstellen, dass die neue globale Quelle, wenn sie diese

Zeilen liest, dankbar an ihren Vorgänger zurückdenken wird. Er hatte das Hindernis ihrer Ernennung in Abwesenheit der Quelle geschickt umgangen, zum grössten Wohle des Unternehmens und ihres eigenen Erfolgs in dieser neuen Position.

Bevor Sie weiterlesen, stellen Sie einen Moment lang die Regeln für die Besetzung von Führungspositionen in Ihrer eigenen Organisation in Frage: Berücksichtigen Sie die Rolle der Quellenperson?

Was wäre mit der globalen Quelle des obigen Beispiels passiert, wenn sie ihrem Ersatz nicht vertraut und sich nicht freiwillig entschieden hätte, die Quelle an sie weiterzugeben? In diesem Fall wäre der ehemalige Manager die globale Quelle geblieben, aber nach seiner Pensionierung nicht mehr Teil des Unternehmens gewesen, was seine Quellenarbeit stark erschwert hätte. Wie können wir unter solchen Bedingungen von aussen die wesentlichen Informationen über die Geschäftstätigkeit des Unternehmens erhalten, die vertraulicher Natur und damit grundsätzlich für diejenigen, die nicht mehr an der Firma beteiligt sind, unzugänglich sind, um zu wissen, was die aktuellen Herausforderungen sind? Wenn wir es jedoch geschafft haben, genug zu wissen, um uns Quellengedanken über den nächsten Schritt zu machen, wie können wir dann unseren Mitarbeitenden die Klarheit vermitteln, die wir erlangt haben? Wie können wir sicherstellen, dass der Projektrahmen (Vision und Werte) von allen respektiert wird und die Entscheidungen und Verhaltensweisen aller Beteiligten beeinflusst? Wie kann man sich um das Feld des Unternehmens kümmern und seine globale Quellenverantwortung für jede der Teile ausüben, die den spezifischen Quellen anvertraut sind?

Wenn sich die globale Quelle physisch ausserhalb des Projekts befindet (während sie als Quellenperson, ob sie es mag oder nicht, eng mit dem Kern des Projekts verbunden bleibt und weiterhin die volle Verantwortung trägt), besteht die reale Gefahr, dass sie die „Pathologie der Weichheit" entwickelt und die zu leistende Quellenarbeit vernachlässigt (siehe Kapitel 3). Oder dass sie eine Krankheit ergreift, nicht die des Ignoranten, sondern… die des Ignorierten, wenn die Projektbeteiligten sie nicht mehr als Quelle anerkennen. Ein Unternehmen, das nicht weiss, wer seine globale Quelle ist, obwohl es eine hat, kann nicht wissen, wohin es gehen und wie es vorgehen soll!

Wie wir sehen können, ist es bei weitem nicht ideal, eine globale Quelle zu sein, die ausserhalb des Projekts steht. Schliesslich kann dies nur funktionieren, wenn die globale Quelle auf ein Relais innerhalb des Unternehmens zurückgreifen kann, den Peter Koenig als *„Repräsentanten der Quelle"* bezeichnet, um die Verbindung zwischen der globalen Quelle und seinem Projekt aufrechtzuerhalten. Meistens entwickelt sich diese Verbindung unbewusst, spontan, ohne die ausdrückliche Absicht der Quelle oder des Repräsentanten: Sie halten einfach die guten kollegialen und freundschaftlichen Beziehungen bei, die ihnen vorher zu eigen waren, weil beide instinktiv die Notwendigkeit der Beibehaltung ihrer Verbindung auf Dauer sehen, zum Wohle des Projekts. Sicherlich hat der Repräsentant keine leichte Aufgabe, und die Situation eines Projekts, das über einen Vermittler mit seiner globalen Quelle verbunden ist, ist alles andere als ideal. Unter den gegebenen Umständen ermöglicht es ihm zumindest zu überleben und trotz der Abwesenheit der Quelle weiter zu funktionieren.

In den seltenen Fällen, in denen die globale Quelle das Problem sofort wahrnimmt — was einfacher ist, wenn sie die Quellenprinzipien kennt! — wird sie sich von selbst auf die Suche nach einem guten Repräsentanten machen. Dieser muss in einer hinreichend wichtigen Position sein, um Zugang zu Informationen zu haben und den notwendigen Einfluss auf den Projektfortschritt ausüben zu können, die globale Quelle über das Geschehen zu informieren und vor allem intern die Klärungen der folgenden Schritte zu kommunizieren: Als Sprecher der globalen Quelle hilft der Vertreter letzterer, das Projekt am Laufen zu halten. Häufiger ist es jedoch, berichtet Peter Koenig, dass eine globale Quelle, die die offizielle Organisation ihres Projekts verlassen hat — umso mehr, wenn sie aus ihr sogar herausgeworfen wurde! — in der aufrichtigen Überzeugung lebt, dass sie nicht mehr „am Steuer" ist und einfach nicht daran denkt, bei einem ihrer Nahestehenden, der im Projekt geblieben ist, die Berufung zum Repräsentanten der Quelle zu erwecken. In diesem Fall kann eine Person innerhalb des Projekts, die sieht, dass die globale Quelle abgleitet, eine Repräsentantin werden, indem sie selbst die Initiative ergreift, die globale Quelle zu kontaktieren: sie kann sie nach den nächsten Schritten befragen und so die lebenswichtigen Informationen erhalten, die den Projektbeteiligten fehlen, um die Sackgasse zu überwinden.

Ein letztes Wort noch zur Übertragung der Quelle innerhalb einer Paarbeziehung. Im

Kapitel 5 haben wir gesehen, dass sich vielfache Quellenbeziehungen, manchmal global, manchmal spezifisch, in einem gegenseitigen Geben und Empfangen entwickeln und dass eines der beiden Mitglieder des Paares die globale Quelle ihrer Beziehung ist, die andere die spezifische Quelle. Manchmal wird die Verantwortung für die Entwicklung der Beziehung jedoch für die globale Quelle zu schwer, wie es bei einem der Teilnehmer an unseren Ausbildungen zu Quellenprinzipien der Fall war: Er war schwer krank geworden und musste all seine Energie mobilisieren, um zu gesunden. Ohne das Vokabular der Quelle zu kennen, führten beide Ehepartner auf Initiative der globalen Quelle ihrer Beziehung eine ausführliche Diskussion über die Situation. Gemeinsam beschlossen sie, dass sie und nicht er nun für die Entwicklung ihrer Beziehung verantwortlich sein sollte. Sie transferierten daher die globale Quelle, oder besser gesagt, sie tauschten die Rollen der globalen und spezifischen Quelle, wobei die kranke Person zur spezifischen Quelle ihrer Beziehung geworden ist. Nach ihrer Genesung liessen sie die Dinge so, wie sie waren: Die Übertragung der Quelle hatte für beide sehr gut funktioniert.

Natürlich ist die Quellenübertragung nicht einzig der Quelle der Beziehung vorbehalten; so kann jede globale oder spezifische Quelle, die in der Beziehung gelebt wird, von der einen auf die andere Person übertragen werden. Wenn wir uns der Quellenprinzipien in unseren Beziehungen stärker bewusst wären, gäbe es dann vielleicht weniger Scheidungen?

Kapitel 9

Verbreitung der Quellenprinzipien

ZUM Abschluss kommen wir zu einer anderen Form der Übertragung. Wir betrachten nicht mehr die Übertragung der Quelle selbst, sondern die der Prinzipien, die sie bestimmen. Wenn Sie auf diesen Seiten den Reichtum des Begriffs der Quelle gekostet haben, wenn Sie die Relevanz der Prinzipien der Quelle sehen konnten, um Ihre eigene Verantwortung in Ihren Aktivitäten, Projekten und Ihrem Leben besser zu verstehen, wenn Sie sich jetzt mehr mit Ihrer eigenen Quelle verbunden fühlen und sie in Ihren Augen an Wert gewonnen hat, dann wäre eine grossartige Möglichkeit, Ihre Dankbarkeit zu zeigen, Ihre Erfahrung mit den Menschen zu teilen, die um Sie herum arbeiten und leben. „*Bonum diffusivum sui*, das Gute verbreitet sich von selbst"*, sagt das von Platon inspirierte philosophische Axiom (siehe *Timaeus*, 29d-30a): Da das Wissen und die Verinnerlichung der Quellenprinzipien ausserordentlich gut ist, werden Sie sie natürlich mit anderen teilen wollen. Aus diesem Grund habe ich dieses Buch geschrieben, denn wovon das Herz voll ist, davon spricht der Mund.

Lassen Sie uns daher entschlossen sein, die Quellenprinzipien überall zu verbreiten, wo immer ihre Berücksichtigung dazu beitragen würde, Dinge voranzubringen. Mit ihnen lässt sich klären, „wer für was verantwortlich ist" in unseren Unternehmen, unseren Organisationen, unseren Projekten, unseren Beziehungen. Jeder Person lässt sich ihren rechtmässigen Platz zuweisen. Sie machen uns auf die Hindernisse aufmerksam, die unsere Quellenpathologien sind, und helfen uns, sie zu überwinden. Sie tragen dazu bei, die Zukunft unserer Projekte vorzubereiten, indem wir mehr Kreativität und Entschlossenheit in sie einbringen. Durch sie verstehen wir die Rolle des Einzelnen im Kollektiv besser und können sie in der Art und Weise berücksichtigen, wie wir zusammenarbeiten. Durch ihr Verständnis wird der Mut zukünftiger Quellenpersonen stimuliert, so dass sie die Initiativen und Risiken eingehen, die notwendig sind, um ihre Intuitionen zu verwirklichen.

Die Übertragung durch Verbreitung hat nichts mit Indoktrination zu tun, da ihre Absicht eine andere ist, wie Nathalie Sarthou-Lajus gut erklärt: „In der Indoktrination geht es darum, den anderen durch Zwang mit sich selbst identisch zu machen. Die wahre Übertragung ist eine Ausbildung in Wahl und individueller Freiheit." (*Le geste de transmettre*, S. 99). Die Quellenprinzipien selbst basieren auf dieser Grundfreiheit, die sich in jeder unserer Initiativen und Risiken, in jedem Schritt nach vorne, in jeder erfolgreichen Quellenübertragung

ausdrückt. Wenn die Quellenprinzipien sich leicht verbreiten lassen, so liegt das zweifellos daran, dass sie eng mit dem übereinstimmen, was jeder Mann und jede Frau in ihrem Leben erlebt. In den Quellenprinzipien finden wir eine gemeinsame Sprache, um darüber zu sprechen und um uns über *Theoria* und *Praxis*, über Konzepte und unsere konkreten Erfahrungen auszutauschen. Nehmen Sie den Dialog mit sich selbst und anderen über die Quelle auf. Bringt das nicht Licht in unser Erleben? Ist das nicht der beste Weg, die Prinzipien zu verbreiten? Wir möchten Peter Koenig dafür danken, dass er diese Sprache der Quelle geschaffen und uns bekannt gemacht hat.

Die Verbreitung der Quellenprinzipien ist gewiss eine individuelle Verantwortung, sie hat aber auch eine kollektive Dimension. Machen wir uns daran sicherzustellen, dass unsere Managementmodelle *„quellenkompatibel"* sind! „Befreite Unternehmen", Teal Organizations, Soziokratie, Partizipationsdynamik, Holacracy® und so weiter, alle haben es nötig, Quellenprinzipien zu berücksichtigen, um ihren legitimen Wunsch, das Gewicht der Hierarchie zu reduzieren, mit der Notwendigkeit in Einklang zu bringen, die unvermeidliche Verantwortung der Quellenpersonen zu respektieren. In der Partizipationsdynamik, die wir bei Ordinata vermitteln, wird dies getan, und diese Methode der kollaborativen Governance hat seit dem Tag, an dem sie die Quellenprinzipien integriert hat, enorm an Tiefe, Kohärenz und Ausstrahlung gewonnen. Im kommenden Jahrzehnt, davon bin ich überzeugt, werden weitere Methoden folgen, ermutigt durch das Beispiel von Frédéric Laloux*, der den Begriff der Quelle allmählich in die Fortsetzung seines Buches *Reinventing Organizations* einführte. Da es jetzt eine Sprache gibt, um sie auszudrücken und zu teilen, wird es für jede ernsthafte kollaborative Methode schwierig sein, die Quellenprinzipien länger zu ignorieren! Dies ist ein weiterer Grund, sie weithin zu verbreiten.

Peter Koenig begann in den 2000er Jahren mit der Übertragung der ersten Ansätze dieser „Quellensprache". Dank der Beiträge so vieler Menschen, die von dieser alten und neuen Sprache berührt wurden, konnten das Vokabular und die Grammatik der Quellenprinzipien erheblich erweitert werden. Dieser Prozess der Sprachentwicklung ist noch im Gange und alle von uns sind eingeladen, daran teilzunehmen. In dem Masse wie sich unser Verständnis für die Quellenprinzipien und ihre Funktionsweise in der Praxis vertieft, werden wir sie immer besser ausdrücken können. Aber lasst uns nie vergessen, dass der beste Weg, darüber zu sprechen, darin besteht, die Prinzipien zu leben! Lassen Sie uns daher einander unterstützen, damit jeder in vollem Umfang Quelle in seinen Initiativen, Aktivitäten und Beziehungen sein kann.

Nachwort

Prinzipien der Liebe

SCHLIESSEN wir den Kreis dieses kleinen roten Buches, indem wir, kurz bevor wir uns verabschieden, einige Gedanken für die Reise mitnehmen. Der Weg, den wir bisher gemeinsam gegangen sind, hat uns durch die Aufnahme der Quelle über ihr Teilen und zu ihrer Weitergabe geführt. Dieses Triptychon der Quelle beschreibt die eigentliche Bewegung des Lebens: Empfangen, Teilen, Übermitteln.

Seine Quelle zu leben ist eine erhebende menschliche Erfahrung; sie hat zwei Hauptdimensionen, die der persönlichen Erfüllung und die der Hingabe. Können wir nicht sogar so weit gehen, zu sagen: die der persönlichen Erfüllung durch die Hingabe? Eine Quellenperson hört auf ihre Intuitionen, geht auf Initiativen und Risiken ein, bildet ein Kollektiv um ihre Idee herum, klärt ständig die nächsten Schritte und reagiert auf ihre tiefe Motivation, die ein innerer Ruf ist, der Ruf der Quelle. Das gibt ihren Handlungen und ihrer Existenz einen Sinn: Quelle zu sein ist eine authentische Art, sich „um sich selbst zu kümmern", sich die Freude eines reichen und erfüllenden Lebens zu sichern. Gleichzeitig erreicht die Quellenperson nur dann eine persönliche Erfüllung, wenn sie keine Mühe für ihre Initiative scheut und sich nicht nur um ihr Projekt kümmert, sondern auch um die Menschen und das Kollektiv, die ihr bei der Verwirklichung helfen. „Geben" ist für sie kein leeres Wort mehr, es bedeutet: konkret auf ihren inneren Ruf zu antworten, ihre Handlungen an ihrem Sinn auszurichten, sich selbst zu verwirklichen, indem sie teilt, wie eine Wasserquelle, die überläuft mit dem, wovon sie erfüllt ist. Letztendlich ist eine Quellenperson nur durch das Geben vollständig Quelle.

Nun, geben ist lieben! Indem ich vollständig zur Quelle werde, egal, ob es sich um eine unbedeutende Initiative oder ein gigantisches Projekt handelt, trete ich in eine Dynamik der Verwirklichung und des Gebens, der Aufgabe und der Fülle ein, die eine kraftvolle Art der Liebe ist. Deshalb liebe ich als Quellenperson mein Projekt und ich liebe diejenigen, die mich dabei begleiten. Indem ich in der vollen Ausübung meiner Rolle als Quelle Sinn und Leistung finde, liebe ich mich selbst. Am Ende können wir ruhig zu dem Schluss kommen, dass *die Quellenprinzipien Prinzipien der Liebe sind.*

Nach dem alten philosophischen Sprichwort ist „das Objekt der Liebe das Gute"*. Mit anderen Worten, was ich liebe, betrachte ich immer als gut für mich. Was ist das Gut der Quellenperson? Es ist zu sehen, wie ihre Initiative gelingt, ihr Projekt erfolgreich ist, ihr Unternehmen gedeiht, ihre Beziehung aufblüht und, indem Sie all dies tut, sich selbst verwirklicht… Ihr Gut lässt sich in der Tatsache zusammenfassen, dass ihre Vision verwirklicht wird und ihr Handeln ihre Werte widerspiegelt. All dies erschafft die Quellenperson durch ihre Gabe in Liebe, die ihre Leidenschaft für ihr Projekt auf wunderbare Weise ausdrückt.

Lieben ist nicht immer einfach! Es kann für eine Quellenperson so einfach und verlockend sein, sich von ihrem Ego zu dieser falschen Auffassung der Quelle führen zu lassen, die wir „Despot" genannt haben, oder sich mangels Engagement in Richtung dieser Verschwendung der Quelle, die „der Ignorant" und „der Weiche" sind, gleiten zu lassen! Diese Pathologien begründen effektiv ein Herrschafts- und Unterordnungs-Verhältnis zwischen der Quellenperson und ihrem Projekt sowie zwischen der Quellenperson und den Mitgliedern des Projektkollektivs. Wenn dieses Kollektiv „das Paar" genannt wird, erweist sich dies auf dramatische Weise als wahr… Diese Pathologien führen die Quellenperson in eine Nutzungslogik, in der sie den anderen als Mittel benutzt, in der sie „nimmt" statt „empfängt", was nicht die Logik der Liebe ist. Natürlich ist es wichtig, für andere nützlich zu sein und auch den anderen als nützlich betrachten zu können, aber ohne jemals zu vergessen, dass der andere ein Mensch ist, also ein Selbstzweck, den wir nicht wirklich lieben können, wenn wir ihn auf ein blosses Mittel reduzieren. So ist es zu verstehen, dass sich „Liebe dem Benutzen entgegenstellt", wie der Ethiker Wojtyla* bestätigte. Wir haben es hier mit einer grundlegenden Anforderung an die Rolle als Quellenperson zu tun, nämlich unermüdlich ihre eigenen Quellenverfälschungen und insbesondere ihre Geberinnenmängel aufzudecken und zu entschärfen, um jeden Tag mehr und mehr auf die Seite der Liebe zu gelangen.

Das Erkennen und Leben der Quellenprinzipien kann uns weit bringen! Obwohl niemand dazu verpflichtet ist, kann die bewusste Ausübung der Quellenprinzipien uns, wir haben es gerade gesehen, zu Reflexionen und Erfahrungen führen, die den Bereich der Spiritualität berühren. Die grundlegenden Fragen, die sich jede Quellenperson irgendwann stellen wird, sind von dieser Art und stellen eine Tür zu dem Thema dar: *„Woher kommen diese Geschenke, die meine Intuitionen, Inspirationen und Ideen sind, die meine Rolle als Quelle auslösen? Was ist der Ursprung meiner Energie, um sie zu verwirklichen? Was ist am anderen Ende meines „Quellenkanals“?* Tatsächlich kann „die Intuition einer Quelle meiner Quelle“, um einen Ausdruck von Lytta Basset* zu paraphrasieren, der Beginn einer „Suche nach der Urquelle“ sein, die unerwartete Perspektiven eröffnet. Zu solch einer spirituellen Reise ist jeder eingeladen, sie in seinem eigenen Tempo, entsprechend seiner Motivation und seinen Möglichkeiten zu unternehmen.

Bevor ich Peter Koenig das Wort übergebe, schulde ich Ihnen noch eine Antwort auf die Frage „Warum ist dieses kleine Buch rot?“ Der Titel mag Sie an Mao Tsetungs *Kleines Rotes Buch* oder Carl Gustav Jungs *Rotes Buch* erinnert haben. Dieses *Kleine rote Buch über die Quelle* ist jedoch keine Abhandlung über Psychologie und noch weniger ein politisches Handbuch, wie Sie gesehen haben. Und doch gibt es in den Quellenprinzipien gewiss etwas

„Revolutionäres“: Wenn jeder und jede anfängt, sie bewusst und vollständig zu leben, gibt es keinen Zweifel daran, dass sich das Angesicht der Erde verändern würde...

Allerdings, wäre für ein Buch über die Quelle nicht die blaue Farbe des Wassers passender gewesen? Dies liesse die Tatsache ausser Acht, dass Rot viel mehr Pigment auf seinem Pinsel hält, um die Quelle zu färben: Ist es nicht die Farbe des Begehrens, der Energie, der Liebe? Rot ist ein Symbol der Handlung und des Heiligen, der Leidenschaft und des Lebens. Sie ist der Ton des Herzens. Gibt es eine dynamischere Nuance, die darauf hinweist, dass die Quellenprinzipien Prinzipien der Liebe sind? Nie ist etwas verloren, wenn sich Quellenpersonen mutig daransetzen, neue Initiativen einzugehen und zu lieben!

Möge auch für Sie der „rote Faden“ der Quelle durch jedes Ihrer Projekte, Häuser, Beziehungen und Träume laufen, Sie stimulieren und erwärmen...

Und jetzt, zu unseren Quellen!

Schlusswort von Peter John Koenig

Zeiten ändern sich

ES ist heute mehr als ein Klischee, nämlich offensichtlich, dass wir in Zeiten grosser Veränderungen leben. Als 71-jähriger Senior, der ihre Entwicklung mehr als die Hälfte seines Lebens bewusst verfolgt hat, scheint es mir, dass diese Veränderungen gerade erst begonnen haben.

Wenn man also die heutige Welt beobachtet, wäre es leicht, in Pessimismus zu verfallen. Nachdem ich jedoch die immense Gabe und das Privileg erhalten habe, mit dem Grund, warum ich geboren wurde, in Resonanz zu treten, bin ich zutiefst davon überzeugt, dass jeder, der dieses Stadium erreicht, ein glückliches Leben führen wird, egal unter welchen Umständen; dass er dann zufrieden sterben wird und, wenn es ein Leben nach dem Tod gibt, dass er „für immer glücklich leben" wird, wie am Ende der Märchen. Ich glaube daran, und dieser Glaube ist tief in mir verwurzelt. Mit der Entwicklung unseres Bewusstseins können jedoch die Umstände und Probleme, die wir auf unserem Weg finden, anstatt geringer zu werden, wie wir hoffen, weiter zunehmen… gerade weil unsere Fähigkeit, sie zu lösen, ebenfalls zunimmt! Wenn ich meine Augen auf die Zukunft richte, erscheint es mir sehr wahrscheinlich, dass dies geschehen wird. So wie ich keine Grundlage für unrealistischen Optimismus in dem, was derzeit in der Welt geschieht, finde, so spüre ich auch keinen Grund für unrealistischen Pessimismus.

Mein eigener Aufruf in diesem Zusammenhang veranlasste mich als junger Mann, mit der Erforschung und Entwicklung dessen von Grund auf neu zu beginnen, was ich meine „Geldarbeit" (*moneywork*) nenne. Sie war ursprünglich ein System zum Verständnis und zur Harmonisierung unserer individuellen Beziehung zum Geld, hat sich aber inzwischen zu einem Weg entwickelt, die persönliche Entwicklung im Allgemeinen zu beschleunigen. Viel später, und fast überraschend, stiess ich auf einen parallelen Weg, der für mich genauso wichtig wurde, den ich „Quellenarbeit" (*sourcework*) genannt habe; das ist das Thema des Buches, das Sie gleich zu Ende lesen werden. Sie ist ebenso wichtig, da wenn die Geldarbeit eine immer häufigere und stärkere Verbindung zur eigenen inneren Quelle begünstigt, wird die Quellenarbeit, so hoffe ich, eine ähnliche Beschleunigung bei der Verwirklichung guter Projekte und Initiativen in der Aussenwelt auslösen, dank der ständig wachsenden Zahl an Quellenpersonen, die immer mehr erhellt werden.

In dieser Hinsicht bin ich Stefan Merckelbach sehr dankbar für seinen Beitrag durch die Verfassung und Veröffentlichung dieses allerersten grossen Werkes über die Quelle. Es bietet nicht nur eine treue Beschreibung dessen, woran ich in den letzten Jahren gearbeitet habe, sondern er hat mit dem *Kleinen roten Buch über die Quelle* einen sehr schönen eigenen Ausdruck und eine konkrete Manifestation der von ihm beschriebenen Quellenprinzipien geschaffen. Im Laufe der Jahre, in denen diese Prinzipien im Leben von — jetzt — Tausenden von Menschen bestätigt und rückbestätigt wurden, wurde mir manchmal vorgeworfen, dass ich in Bezug auf sie „dogmatisch" geworden sei. Stefans wohlwollende, einfühlsame und „Schritt-für-Schritt"-Anleitung zu ihrer Einführung und Erklärung finde ich vorbildhaft. Ich könnte es mir weder besser noch mehr wünschen.

Deshalb wünsche ich Ihnen, sehr geehrte Leserin, sehr geehrter Leser, ungeachtet Ihres Alters, Ihrer Hautfarbe, Ihrer Überzeugung oder Orientierung, mit tiefster Dankbarkeit viel Liebe und Erfolg bei der Erfüllung Ihrer sehnlichsten Wünsche. Mögen auch Sie „glücklich für immer" leben!

Peter John Koenig
Dezember 2018

Vincent Delfosse

Fotos und Quellenwörter

VOM Pass aus gesehen ist die Quelle, die ich gewählt habe, ein Glitzern, bevor sie überhaupt ein Murmeln ist. Sie reflektiert die Herbstsonne und zeichnet die Konturen von Licht und Schatten der Berge nach. Ich gehe zu ihr hinunter, ebenso begierig darauf, zu ihr zu gelangen wie meinen Rucksack abzuladen.

Da, wo sie herausquillt (wer, der Berg oder das Wasser wählt den Ort?), bietet sie sich dem Himmel in einem langsamen Schaudern an, im Schatten einiger Felsen. Ohne die Wirbel des ersten Hanges würde ich die Skizze eines Flusses, das Versprechen eines Wildbachs fast bezweifeln. Ich fülle meine Trinkflasche mit ihrem klaren Wasser, trinke, folge dann ihrer Bewegung: beim kleinsten Stein, bei jedem Aufwallen spricht sie mit dem Berg. Gurgeln,

Lautmalerei und Serenaden vermischten sich. Ich lasse mich führen durch den Klang ihrer Stimme.

Ich höre mir den Quellenfluss an und gehe hundert Mal darüber. An manchen Stellen verschwindet er sogar unter einem Teppich aus Steinen, verwischt seine Spuren und spinnt an seinem Geheimnis. Etwas weiter unten verbindet er sich mit dem Wasser anderer Bäche und rinnt in von Baumwollblumen gesäumten Mäandern. Ich finde es wunderschön.

Da er nun so offensichtlich wird, hat der Bach einen Namen auf der Karte, der von Menschen gegeben wurde, die sich zu rasch orientieren oder vertraut machen wollten. Aber wir sind noch nicht so weit. Ich möchte zunächst seinen Vornamen hören, denjenigen dieser Begegnung, bei der meine Aufmerksamkeit zwischen Zuhören, der Suche nach dem Rahmen für eine Fotografie und dem Aufnehmen dessen schwankt, was in mir durch dieses Zuhören erwacht: eine grundlegende Besänftigung, eine durch den Berg verankerte Freiheit, ein intuitives und wildes Entzücken. Ja, sein Verb besteht aus Wasser, Mineralien und Leben. Genau wie ich. Meine Bilder sind ein wenig die Suche nach diesem Echo.

Die Abendlichter (Traum des Fotografen) rutschen schon in Richtung Nacht. Ich rolle meinen Schlafsack aus. Vom Boden aus ist das Lied des Bachs nicht wahrnehmbar. Der Nebel verbindet mich in dieser Stille, weiss durch den verschleierten Mond.

Erwacht durch die Kälte, versuche ich mir auszudenken, dass der Bach verschwunden ist. Ich stehe in der Nacht auf und mache ein paar Schritte, bis ich seine Stimme wiederfinde. Unter den Sternen scheint er andere Worte zu formen. Er wacht. Ich kann wieder einschlafen, so gut es mir meine Müdigkeit und der Raureif erlauben.

Der neue Tag (oder warum nicht „dieser einzigartige Tag") erwacht in der Sonne wie eine natürliche Fortsetzung der Nacht. Ich gehe am Ufer des kleinen Alpsees entlang, wo der Bach hineinmündet und sich ausbreitet. Spritzende Wellen, einige sehr kleine Frösche, mehr Kaulquappen. Dann wird der See zu einem Wasserfall, Getöse, Schwerkraft.

Stundenlanges Laufen flussabwärts, plötzlich ein erstes Einzugsgebiet. Beton und Bestimmung zur Nutzung, mit gestrichelten Linien auf der Karte. Noch tiefer unten fliesst das Wasser ohne ein Wort in eine uralte Suone, die mit Plastikplanen und geradlinigen Blechrinnen für den Tourismus restauriert wurde. Der Fluss, der technisch gezähmt wurde, vergisst fast seinen Namen und verliert sich im Schweigen. Ich denke da an jene digitalen Stimmen, die Haltestellen des öffentlichen Verkehrs in allen Regionen ankündigen, Akzente ausblenden und die Namen der Orte entstellen. Das Seufzen des Menschen, das Seufzen der Quelle. Der Pass von gestern und das erste Glitzern scheinen weit weg zu sein, und meine müden Beine sind einverstanden.

Ich nehme die Bilder von hier mit, um diese Stimme zu bezeugen, und auf der Rückfahrt im Zug, wo ich sie nochmals auf der Kamera durchgehe, freue ich mich, sie Stefan zu zeigen. Ich bin auch glücklich darüber, zu diesem kleinen Buch beitragen zu können (es ist zwar noch lange nicht fertig, wir wissen vor allem, dass es rot sein wird!), denn diese Quellenprinzipien geben mir so oft Klarheit und Denkanstösse in meinen eigenen Projekten.

In meiner Trinkflasche — in meinen Adern — ist noch etwas von dem Wasser aus diesem Fluss da. In meinen Worten noch ein wenig von seiner Stimme. Ich werde wieder dorthin zurückkehren, um wieder Kräfte zu finden und seiner Einladung zu lauschen, durch viele Sonnen und Regen wiederholt: Wage das Verb, schöpferisch, frei und lebendig!

Vincent Delfosse, www.verschez.com
Col de la Tsevalire, unbenannte Quelle auf 2658m, Lac du Louché, dem Rèche entlang
Kanton Wallis, Oktober 2018.

Zur 1. Deutschen Ausgabe

Auch diese Übersetzung ist ein Quellenabenteuer

ALS die französische Originalausgabe des *Kleinen roten Buches über die Quelle* im Februar 2019 herauskam, habe ich sofort gedacht, dass mein nächster Schritt zur Verbreitung der Quellenprinzipien die Übersetzung des Buches ins Deutsche sein würde. Ich überlegte noch, wie ich vorgehen sollte, als ich eine E-Mail von Sylvia Brenzel, die dynamische Leiterin der Plenum Akademie in Österreich (www.plenum.at), erhielt. Sie erzählte mir, dass sie mit einen deutschen Berater, Reiner Ritter, über dieses Büchlein gesprochen habe, und dass er sehr motiviert gewesen sei, es zu lesen. Der Berater (www.reiner-ritter.net) hat sofort ein Exemplar bestellt und, als er merkte, dass sein Französisch nicht ausreichte... hat er es ins Deutsche übersetzt! Bald schickte mir Reiner Ritter die Übersetzung, die von ihm mit Hilfe des automatischen Übersetzers deepl.com erstellt und danach gründlich überarbeitet worden war, um sie flüssig und kohärent zu machen.

Diese spontane Initiative hat mich mit Freude erfüllt! Es ist ein neuer Beweis, dass Sprechen über die Quelle ganz natürlich neue Quellen hervorbringt. Reiner Ritter selbst hatte seine Initiative klar in dieser Perspektive gesehen, wobei er sich nuanciert und respektvoll ausdrückte, als er mir seine Arbeit übergab: «Ich fühle mich angezogen, habe aber natürlich keinen Auftrag oder keine Übertragung von Verantwortung ;-), maße mir auch nicht an, eine spezifische Quelle zu sein, könnte mir das aber gut vorstellen...».

Reiners spontane Erstellung dieser „Grobübersetzung" und meine dankbare Begrüssung seiner Initiative haben einen Dreifacheffekt verursacht: erstens ist Reiner Ritter damit selbst ein Botschafter der Quellenprinzipien in seinem Heimatland geworden, zweitens hat sich für mich das Quellenfeld dieses *Kleinen roten Buches* auf einmal auf den gesamten deutschen Sprachraum ausgebreitet und drittens ist aus unserem Austausch und den nachfolgenden Begegnungen eine schöne Freundschaft entstanden, was sonst wahrscheinlich nie passiert wäre.

Vor der Veröffentlichung des Buches gab es allerdings noch eine Menge zu tun. Zunächst nahm sich mein Kollege bei Ordinata, der „partizipative Übersetzer" David Siemer, ebenfalls deutscher Herkunft und perfekt zweisprachig, eine Woche Zeit, um den deutschen Text zu lesen und Zeile für Zeile mit dem französischen Original abzugleichen. Die korrigierte Fassung wurde dann von meiner schweizerdeutschen Kollegin Regula Kuhn Hammer, Spezialistin des geschlechtergerechten Sprachgebrauchs, sorgfältig gelesen, um den Text weiter zu adaptierten und flüssiger zu machen. Schliesslich schloss Sylvia Brenzel, mit der das

Abenteuer dieser Übersetzung begonnen hatte, den Kreis, indem sie das Ganze noch ein letztes Mal durchgelesen hat. So ist dieses *Kleine rote Buch über die Quelle* in deutscher Sprache dank mehrerer Quellen aus drei verschiedenen Ländern entstanden. Ich drücke hier meinen tiefsten Dank an all diese Quellenpersonen aus, die ihren Teil des Quellenfeldes, zur Freude unserer Leser und Leserinnen, voll zum Tragen gebracht haben.

Und — wer weiss — wird vielleicht eines Tages ein Chinese dieses *Kleine rote Buch* in seiner eigenen Sprache lesen wollen? Dann wird er wissen, wie man das schafft!

Stefan Merckelbach
März 2020

Ressourcen

Erste Erwähnungen der Quellenprinzipien

Der allererste Artikel über Quellenprinzipien stammt von **Nadjeschda Taranczewski**, „The Role of Source in Organizations", veröffentlicht am 14. Januar 2014 im *The Mobius Strip Magazine*, Winter 2014, S. 55-57. Im Oktober 2015 veröffentlichte sie auf *medium.com* eine aktualisierte Version mit dem Titel „Who's Idea Was It Anyway? The Role of Source in Organisations", medium.com/@AhoiNadjeschda/who-s-idea-was-it-anyway-the-role-of-source-in-organizations-8436407e2879.

Das erste Buch, das der Quellenperson ein Kapitel gewidmet hat, ist von **Martine Deschamps**, in *Planifier sa retraite ou sa relève... ça ne fait pas mourir!* (Un monde différent) 2017, S. 95-110.

Graham Duncan gibt ein interessantes Zeugnis über die Quelle in Timothy Ferriss' Buch, *Tribe of Mentors. Short life advice from the best in the world* (Houghton Mifflin Harcourt) 2017, S. 58-59.

Frédéric Laloux erwähnt in der zusammengefassten Version von *Reinventing Organizations, Ein illustrierter Leitfaden sinnstiftender Formen der Zusammenarbeit,* illustriert von Étienne Appert (Vahlen) 2017, zunächst die Quellenprinzipien in Note 20, S. 165. In seiner Fortsetzung von *Reinventing Organizations,* der Video-Serie „Insights for the journey", präsentiert er die Rolle der Quellenperson im Video 1.10 „Your roles in this new world": thejourney.reinventingorganzations.com/110.html.

Notizen zu den Kapiteln dieses *Kleinen roten Buches über die Quelle*

Einleitung (S. 11-14) — **www.workwithsource.com** stellt das erste Treffen der Interessenvertreter und der Forschungsgemeinschaft zur Verbreitung der Quellenprinzipien rund um Peter John Koenig dar. Charlie Davies (charlesdavies.com) und zuletzt Tom Nixon (tomnixon.co.uk) sind die treibenden Kräfte.

Peter Koenigs Aktivitäten im Zusammenhang mit der Beziehung zum Geld werden in seinem Blog peterkoenig.typepad.com vorgestellt.

Kapitel 3 (S. 45-58) — **„Ziele oder Absichten?"** In meinem Buch *Das Wort von Ordinata. Überlegungen zur Ausübung eines ungewöhnlichen Berufes*, 1. Deutsche Ausgabe (Aquilae Verlag) 2019, plädiere ich für „Management by Intention" statt „Management by Objectives", das heute noch allzu oft beliebt ist. Die Absicht kommt, wie die Quelle, aus dem Inneren der Person und ist viel motivierender und effizienter als das Ziel, das nach aussen gesetzt (oder sogar von aussen auferlegt!) wird. Siehe auch den ähnlichen Unterschied zwischen „Kontrolle" und „Meistern" der Qualität (S. 35-42). *Das Wort von Ordinata* erzählt von meiner Tätigkeit als „Philosoph Manager" und von den Intuitionen und methodischen Grundsätzen, die ich mit meinem Team teile.

Kapitel 4 (S. 63-77) — Die **„wechselseitige Kausalität von totalen Ursachen“** wird von André de Muralt in *L'Enjeu de la Philosophie Médiévale* (E. J. Brin) 1991 meisterhaft beschrieben.

Der dreidimensionale Begriff der **„Autorität“** wird von Ariane Bilheran in *L'autorité. Psychologie et psychopatholgie* (Armand Colin) 2016 detailliert beschrieben. Sie entlehnt es aus Myriam Revault d'Allonnes' sehr interessantem Buch, *Le Pouvoir des commencements.* Essai sur l'autorité (Seuil) 2006, das insbesondere den Zusammenhang zwischen „Macht / Raum“ und „Autorität / Zeit“ darstellt. Beide Autoren stützen sich stark auf Hannah Arendts Forschung über Autorität und Macht.

Kapitel 5 (S. 79-90) — Es ist interessant, die Entwicklung des Denkens von **Frédéric Laloux** in Bezug auf die Quellenprinzipien zu beobachten. In seinem Buch *Reinventing Organizations: Ein Leitfaden zur Gestaltung sinnstiftender Formen der Zusammenarbeit* (veröffentlicht von Vahlen 2015) ignorierte er noch die Quellenprinzipien, während die Gründer und Big Bosses, die er interviewt hatte, um seine Reflexion über integrale evolutionäre Organisationen (symbolisiert durch die „Petrol“-Farbe, auf Englisch „Teal“ genannt) zu unterstützen, in Wirklichkeit alle die globale Quelle ihrer Organisation waren. Nachdem er an einer Schulung über Quellenprinzipien teilgenommen hatte, wurde er sich ihrer Bedeutung bewusst und integriert sie zunehmend in seine spannende Vision eines neuen Managementparadigmas, wie die Note

20 der illustrierten Ausgabe von *Reinventing...* und insbesondere das bereits erwähnte Video 1.10 (siehe oben, unter Erste Erwähnungen der Quellenprinzipien) zeigen.

Kapitel 7 (S. 107-118) — **Nathalie Sarthou-Lajus**‘ kleines Buch, *Le geste de transmettre* (Bayard) 2017, beschreibt sehr inspirierend die Phänomenologie der Übertragung. Ich habe es mehrmals zitiert, auch in den Kapiteln 8 und 9.

Martine Deschamps‘ Buch, *Planifier sa retraite ou sa relève... ça ne fait pas mourir!* (Un monde différent) 2017, widmet ein ganzes Kapitel dem Thema „Wer ist die Quelle Ihres Unternehmens?“. (p. 95-110). Sie stellt mehrere konkrete Fälle von Übertragung vor und unterstreicht die Bedeutung der guten Vorbereitung auf die Übertragung der Quelle. Die Autorin nennt spezifische Quellen schön „Ressourcen“.

Kapitel 9 (S. 137-141) — **„Bonum diffusivum sui“**: Dieses Prinzip zieht sich durch die Geschichte der Philosophie, von Platon (5. Jahrhundert v. Chr.) bis Thomas von Aquin (13. Jahrhundert), über Plotin, Proklos, Boethius und Dionysus den Areopagiten. „Das Gute kommuniziert sich selbst“, könnten wir auch übersetzen. Diese Kraft der Verbreitung des Guten hat mich schon immer fasziniert; je mehr wir geben, desto mehr gibt es! Ist es nicht das eigentliche Funktionieren der Quelle, die ununterbrochen austritt, wenn wir ihr keine Hindernisse in den Weg legen?

Frédéric Laloux: siehe oben, Notiz bei Kapitel 5.

Nachwort (S. 143-147) — **„Das Objekt der Liebe ist das Gute"**: Die Formel stammt aus den 13. Jahrhundert, von Thomas von Aquin, *Summe der Theologie*, I-II, Q. 27 Art. 1, *responsio* (Kröner) 1985, aber seine Bedeutung findet sich bereits bei Aristoteles oder Augustinus von Hippo.

1960 entwickelte **Karol Wojtyla** (der spätere Papst Johannes Paul II.) in seinem Buch *Liebe und Verantwortung* (Kösel 1979) diese „personalistische Norm", die den Ursprung des geflügelten Wortes „Liebe stellt sich dem Benutzen entgegen" bildet: „die Person ist ein solches hohes Gut, dass einzig die Liebe die angemessene, gültige Haltung zu ihr bildet." (S. 37). Deshalb wäre es „gegen die Gerechtigkeit, sich der Person als eines Mittels zu bedienen" (S. 38). Darüber hinaus ist das Thema „Sich hingeben" von grosser Bedeutung in seinem Werk, wozu er den Anstoss in diesem Zitat aus dem Zweiten Vatikanischen Konzil fand: „Der Mensch (....) kann sich nur durch die aufrichtige Hingabe seiner selbst vollkommen finden" (*Gaudium et Spes* 24:3).

Lytta Basset entwickelt in *La Source que je cherche* (Albin Michel) 2017 die „Intuition einer Quelle" (S. 24) und die „Suche nach der Quelle" (S. 10). Siehe auch Anselm Grün, *Quellen* *innerer Kraft, Erschöpfung vermeiden – positive Energien nutzen* (Herder) 2005.

Das kleine Rote Buch von Mao Tsetung hat diesen Titel nur auf Deutsch; das chinesische Original, das 1964 veröffentlicht wurde, trägt den Titel *Worte des Vorsitzenden Mao Tsetung*. Das *Rote Buch* des Schweizer Psychologen Carl Gustav Jung bezieht sich auf das Manuskript des Buches *Liber Novus*, das Jung zwischen 1913 und 1930 geschrieben und illustriert hatte, das aber erst 2009 im Faksimile veröffentlicht wurde.

Ausbildungen zu den Quellenprinzipien bei Ordinata

Mehrere **deutschsprachige Trainer** stellen sich kurz auf der englischsprachigen Website workwithsource.com/people unter der Rubrik „People“ vor.

Ordinata, das Unternehmen, dessen globale Quelle Stefan Merckelbach ist, bietet verschiedene Dienstleistungen an, um Interessierte mit den Quellenprinzipien vertraut zu machen, in der Schweiz (Givisiez, bei Freiburg) und anderswo auf Anfrage:

- **Quellentag 1**: Entdecken Sie mit anderen Quellenpersonen die Quellenprinzipien, und fangen Sie an, sie besser in Ihr berufliches und persönliches Leben zu integrieren.

- **Quellentag 2**: Kommen Sie weiter auf dem Weg Ihrer eigenen „Quellenreise“, um die Hindernisse, die Sie erleben, zu überwinden und vollständiger Quellenperson zu werden.

- **Co-Development-Gruppe**: Nehmen Sie an einer Reihe von moderierten Treffen von fünf bis acht Quellenpersonen teil, die sich gegenseitig in ihrer Quellenverantwortung unterstützen und die nächsten Schritte bei der Entwicklung ihrer jeweiligen Projekte klären.

- **Quellen-Workshop**: Nehmen Sie sich die Zeit, mit Ihrem Team über die Quellenfelder in Ihrer eigenen Organisation nachzudenken, um Rollen zu klären, Initiativen anzuregen und die Quelle der anderen besser zu erkennen.

- **Individuelle Quellenbegleitung**: Sprechen Sie mit einem der Quellenspezialisten von Ordinata, persönlich oder per Skype, um Ihre eigene Quellensituation zu erforschen. Um herauszufinden, mit wem Sie sprechen, besuchen Sie www.ordinata.ch/de/gesichter.

Für weitere Informationen: **www.ordinata.ch/de/quelle**.

Ordinata hat die Quellenprinzipien auch in ihren Ausbildungszyklus in **Partizipationsdynamik** integriert: www.ordinata.ch/de/ausbildung. Die Schulungen von Ordinata finden auch in französischer Sprache statt: www.ordinata.ch.

Ein kleines rotes Buch über die Quelle: **Bestellen Sie weitere Exemplare bei www.aquilaeverlag.ch**, auf den üblichen Internetplattformen oder in Ihrer Buchhandlung.

.

„Ihre Quellengeschichten“: Teilen Sie Ihre persönliche Erfahrung mit den Quellenprinzipien mit anderen Lesern unter **www.ordinata.ch/de/quelle**.

Sach- und Namenregister

E

F

G

H

I

J

K

L

M

N

O

P

Q

V

W

Z

„Indem er zum Meer geht, bleibt der Fluss seiner Quelle treu."

Jean Jaurès

1. Deutsche Ausgabe

veröffentlicht am 19. März 2020

Herstellung und Vertrieb: BOD – Books on Demand, Deutschland

im Auftrag von Aquilae Verlag, Schweiz